纺织服装高等教育"十三五"部委级规划教材

裙/裤装结构设计 与纸样

宋金英 著

第二版

东华大学出版社·上海

图书在版编目（CIP）数据

裙/裤装结构设计与纸样/宋金英著.—2版—上海：东华大学出版社，2016.9
ISBN 978-7-5669-1127-8

I.①裙…II.①宋… III.①裙子-服装设计-纸样设计②裤子-服
装设计-纸样设计 IV.①TS941.717.8②TS941.714.2

中国版本图书馆CIP数据核字（2016）第209533号

责任编辑　谢　未
编辑助理　李　静
封面设计　黄　翠

裙/裤装结构设计与纸样（第二版）
Qun/Kuzhuang Jiegou Sheji yu Zhiyang

著　　者：宋金英
出　　版：东华大学出版社
　（上海市延安西路1882号　邮政编码：200051）
投稿邮箱：xiewei522@126.com
出版社网址：http://www.dhupress.net
天猫旗舰店：http://dhdx.tmall.com
营销中心：021-62193056　62373056　62379558
印　　刷：上海颛辉印刷厂有限公司
开　　本：889 mm×1194 mm　1/16
印　　张：13
字　　数：458千字
版　　次：2016年9月第2版
印　　次：2021年8月第3次印刷
书　　号：ISBN 978-7-5669-1127-8
定　　价：49.00元

前 言

随着时代的进步，消费者对服装款式的要求已从服装的功能性逐渐向审美性发展，追求个性、体现自我的消费心理已是大势所趋，因此只有将结构与设计巧妙地融合在一起，才能紧跟时尚的步伐，满足日新月异的消费者需求。

本书详尽地讲解了女装裙子、裤子的结构设计原理与制板技巧。与其他同类书相比，本书的特点如下：

（1）系统讲解了人体下肢静态、动态两种形式下的基本特征及对女装裙子、裤子款式造型的影响。

（2）对女装裙子与裤子的原型结构制板进行较为深入的分析与讲解。

（3）分别以裙、裤原型为基型进行较为细致的裙、裤细节上的结构设计。如裙装中的裙省、裙腰、裙摆、裙开门、裙衩口、裙侧缝线、裙身等；裤装中的裤省、裤腰、裤前中心线、裤开门、裤后中心线、裤侧缝线、裤内侧缝线、裤腿等。将这些构成裙、裤的组成部分，按照其存在的价值进行原理性研究，并与设计巧妙地结合在一起，共同完成真正意义上的结构与设计上的融合与统一。

（4）本书从裙、裤结构入手，主要讲解其原理与制板技巧，避免以往同类教材就款式论款式的结构设计方法，最大程度地开发了阅读者的创新性思维。原理性的讲解也从根本上解决了读者对千变万化的裙、裤造型设计上的认识与理解。

本书采用图文并茂的形式，并在每一章节的开始交代学习内容、重点、难点，以便学习者有的放矢地学习；在每一章节的结尾配有课后练习和课后思考，启发学习者深入思考，既适合教学，也适合同行和服装设计爱好者的阅读与借鉴。

本书在写作过程中得到了山东理工大学纺织服装学院领导、同行的大力支持，在此表示衷心的感谢。

在著书过程中参阅了大量与本书相关的各方面专业资料和文献，在此向相关内容的编著者表示感谢。

由于水平有限，本书难免会出现偏颇与不足，希望专家、同行和服装爱好者给予批评和指正，谢谢！

著者

2016 年 6 月

目 录

第一章 裙、裤结构设计基础知识

【学习内容】

（1）裙、裤结构设计方法及特点。

（2）制板工具。

（3）制图基本常识。

（4）裙、裤结构的基本术语。

（5）人体分析与下肢测量方法。

【学习重点】

（1）正确掌握裙、裤制图的基本常识和基本术语。

（2）掌握人体下肢的测量方法。

【学习难点】

人体下肢的测量方法。

第一节 裙、裤制图工具

制板工具是完成服装结构制图的重要手段，良好的制板工具有助于服装结构设计的准确性。

一、制板桌

制板时所用的桌子，桌面平整光滑，以放正开牛皮纸或卡纸的大小为最佳。

二、纸

在制板过程中纸样的确定需要多次修改完善，因此制板纸需要两种纸质来完成。特定纸样多用牛皮纸，终稿一般用较为厚实的卡纸。

（1）牛皮纸：牛皮纸质薄而有韧性，色泽呈黄褐色，价格便宜，适合反复修改（图1-1-1）。

（2）卡纸：①白卡：白卡纸质厚实，表面光滑平整，正反面均呈白色，多用于终稿（图1-1-2）；②灰卡：灰卡纸质厚实有韧性，一面光滑平整，呈白色，另一面则较粗糙，呈灰色，价格介于白卡与牛皮纸之间，又因其两面色泽的不同，因此多用于不同功能的服装结构版型（图1-1-3）。

图1-1-1 牛皮纸

图1-1-2 白卡纸

图1-1-3 灰卡

三、笔

（1）铅笔：铅笔主要分H型铅笔和B型铅笔，H表示铅笔的硬度，B表示铅笔的软度，数值越大，代表的硬度和软度就越大，相反则越小。在绘图过程中，多根据需要选择不同的铅笔硬度。由于HB铅笔软硬适度，因此运用较多（图1-1-4）。

（2）针管笔：针管笔主要用于勾画1∶5的服装结构制板，其笔头主要分0.1、0.2、0.3……，数值越大笔尖越粗，在制板过程中，多用最细的针管笔勾画服装结构的辅助线，较粗的勾画结构线。有时也可用笔尖不同细度的中性笔代替针管笔（图1-1-5）。

（3）中性笔：与针管笔的作用相同，也是用于服装结构线和辅助线的描绘，但由于笔尖的粗细不是很明显，因此在运用时通常需要加粗结构线，以区别于辅助线的粗细程度（图1-1-6）。

（4）蜡笔：蜡笔属于多色笔，主要用于服装制板中特殊结构的标记，如袋位、省尖、扣位等（图1-1-7）。

（5）彩色铅笔：与蜡笔的作用相同，都是对服装制板中出现的重点部位或特殊部位进行标注的工具（图1-1-8）。

（6）划粉：划粉主要有蓝色、绿色、黄色、玫红色、白色和褐色等，其质为粉末状，主要用于面料上服装板型的勾画。划粉的色彩选择，主要选择与面料相近的颜色，如红色面料用玫红色划粉。切勿用与面料差别过大的划粉勾画，以免造成面料的污浊（图1-1-9）。

图1-1-4 铅笔

图1-1-5 针管笔

图1-1-6 中性笔

图1-1-7 蜡笔

图1-1-8 彩色铅笔

图1-1-9 划粉

四、尺

（1）直尺：直尺分为有机玻璃尺和木尺，长度为20cm、30cm、50cm、100cm、150cm等；由于木尺易变形，因此直尺多以有机玻璃为最佳（图1-1-10）。

（2）三角尺：三角尺多用45°角的等腰直角三角形和30°、60°角的直角三角形，有透明和不透明两种形式，以透明塑料材质为最佳（图1-1-11、图1-1-12）。

（3）量角器：主要用于服装制板过程中所需要的角度测量（图1-1-13）。

（4）皮尺：皮尺又叫软尺，主要用于人体测量，质地柔软，易于弯曲，通常的长度为150cm（图1-1-14）。

（5）曲线尺：曲线尺是具有一定曲线的测量工具，其中包括弯尺、云尺、D尺等，主要用于纸样中的曲线绘画，如袖窿弧线、领弧线、裤子的小裆和大裆线等曲线的描绘（图1-1-15）。

图 1-1-10 直尺

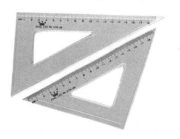

图 1-1-11 三角尺

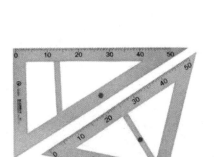

图 1-1-12 三角尺

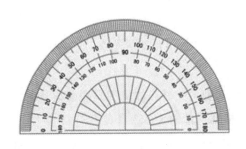

图 1-1-13 量角器

图 1-1-14 皮尺

图 1-1-15 曲线尺

（6）蛇形尺：又称蛇尺和自由曲线尺，是服装结构绘图工具之一，主要用于裙型和裤装特殊造型的曲线描绘（图1-1-16）。

（7）比例尺：比例尺多用于纸样的缩图，为了有效的全览结构图的全貌，制板者常常将裁剪图缩小尺寸于纸上。常用比例尺有三棱形和三角版型，一般有1：5、1：4、1：3、1：2等（图1-1-16）。

（8）放码尺：又名方格尺，适用于平行线的描绘、尺寸的缩放以及缝份的加放，长度一般有45cm、60cm（图1-1-18）。

（9）直角尺：主要用于直角的测量和描绘（图1-1-19）。

图 1-1-16 蛇形尺　　　　　图 1-1-17 比例尺　　　　　图 1-1-18 放码尺

图 1-1-19 直角尺

五、剪刀

（1）裁布剪刀：裁布的剪刀是服装设计师必备的专用工具，主要有24cm、28cm、30cm等规格的剪刀，使用者应根据手掌的大小选择剪刀的大小（图1-1-20）。

（2）裁纸剪刀：相对于裁布剪刀来讲，裁纸剪刀的要求不是非常严格，只要求剪刀大小适中，锋利即可（图1-1-21）。

（3）剪线头的剪刀：剪刀小巧锐利，剪尖咬合紧密，适合对线头、针脚的剪切与修正（图1-1-22）。

图 1-1-20 裁布剪刀　　　　　图 1-1-21 裁纸剪刀　　　　　图 1-1-22 剪线头的剪刀

六、其他

（1）描线器：描线器又称点线器，主要用于纸样的复制。通过描线器的滚动，将结构线复制在纸样上的工具（图1-1-23）。

（2）圆规：主要用于纸样的缩图练习，在寻找相同距离的位置和圆弧时运用（图1-1-24）。

（3）锥子：主要用于纸样关键部位的定位与矫形，如口袋的位置、省位、褶裥的位置等（图1-1-25）。

（4）透明胶带：主要用于纸样的修正与完善，当纸样反复修正时，通过胶带的黏贴与黏连使纸样达到结构设计的完美效果，当达到预期效果以后再将纸样重新描绘于纸上，这样既完善了纸样，又节约了用纸（图1-1-26）。

（5）双面胶：主要用于纸样的修正与完善（图1-1-27）。

（6）大头针：大头针多用于修正和固定纸样（图1-1-28）。

（7）熨斗：熨斗是制作样衣必不可少的工具，主要用于面料的整烫，样衣的局部固形。以蒸汽熨斗为最佳（图1-1-29）。

（8）橡皮：橡皮多选用素描专用橡皮，主要用于修正制板时所出现的错误（图1-1-30）。

（9）针：在制板过程中，针主要用于样衣的缝制，针的粗细与型号的大小有关，型号越大针越细，反之，则越粗（图1-1-31）。

（10）线：线的种类很多，粗细各不相同，这里主要选用缝纫机线进行样衣的缝制（图1-1-32）。

（11）顶针：在样衣缝制过程中起辅助作用。缝衣针借助于顶针上的小洞，来完成较厚或较硬面料的缝合与连接（图1-1-33）。

图1-1-23 描线器

图1-1-24 圆规

图1-1-25 锥子

图1-1-26 透明胶带

图1-1-27 双面胶

图1-1-28 大头针

图1-1-29 熨斗

图1-1-30 橡皮

图1-1-31 针

图1-1-32 线

图1-1-33 顶针

第二节 成年女性人体下肢结构与静、动态尺寸

一、人体下肢结构

　　人体的各个部位是服装获得尺寸的依据，以人体为基点进行正确的测量有助于准确绘制服装结构线。但由于人体是复杂的曲面造型，因此在服装测量时可以选择人体骨骼的端点、顶点、凸起点、凹陷点等具有明显特征的地方作为测量的基准点和基准线，以此为依据所测量的数据，在一定程度上更为合理、准确、规范等，也易符合服装制板的要求与规定。

　　人体又是由相对稳定的不同块面组成的，块面与块面之间由易于活动的关节相连接，满足人体的活动量，即满足人体关节最大范围活动量的设定，因此掌握人体活动的范围与活动极限有助于避免服装功能性的丧失。

（一）人体下肢基准点与基准线

　　（1）人体下肢的基点：前腰中点、后腰中点、腰侧点、臀侧点、后臀高点、前臀中点、大腿根点、会阴点、髌骨点、踝骨点（图1—2—1）。

　　（2）人体下肢的基准线：腰围线、腹围线、臀围线、大腿根围线、大腿围线、膝围线、小腿围线、脚踝围线（图1—2—2）。

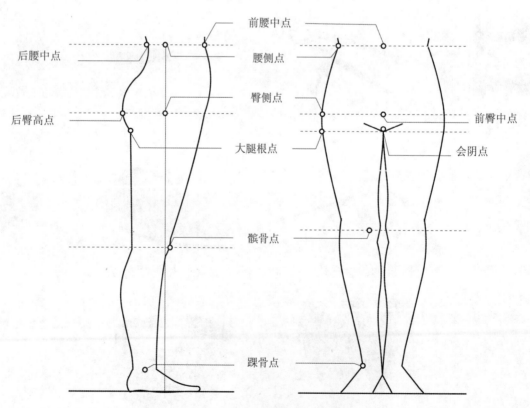

后腰中点
前腰中点
腰侧点
臀侧点
后臀高点
前臀中点
会阴点
大腿根点
髌骨点
踝骨点

图1—2—1 人体下肢基准点示意图

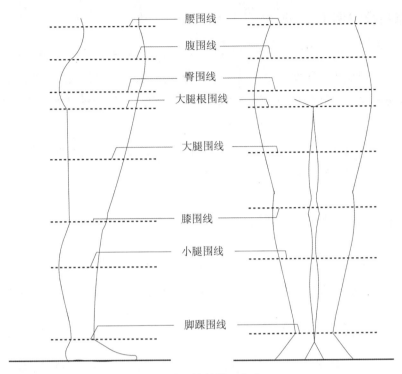

图 1-2-2 人体下体基线示意图

（二）人体的体块与关节（图 1-2-3）

人体下肢的体块分为腹臀、大腿、小腿、脚踝、足五部分。腹臀与胸腔由腰部衔接，腹臀与大腿由大转子衔接，大腿与小腿由膝关节衔接，小腿与足由踝关节衔接，体块与体块之间相对稳定，衔接点是人体活动的关键，这些衔接点的活动量在一定程度上是服装形式存在合理性的依据。

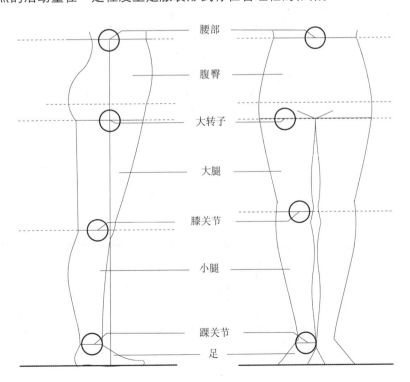

图 1-2-3 下肢体块与关节示意图

二、人体下肢的静态特征（图1-2-4）

裙、裤结构基础知识是学好裙、裤结构设计的关键。裙、裤的结构制板不仅要满足人体下肢的静态要求，而且还要满足人体下肢的动态要求，因此，裙、裤结构制板应遵循以功能性为主，审美性为辅的设计原则，即满足人体具体的活动量是结构设计制板的前提。同时，面料的质地、服装的款式、工艺的要求也是制约裙、裤结构设计的关键。

人体下肢的静态尺寸主要是指人体在自然站姿情况下的下肢状态，在这种状态下所测得的数据为人体下肢的静态数据。静态数据的测量主要是裙、裤腰、腹、臀的数据采集。

1. 腰围

腰围是指人体腰部最细部位的尺寸，人体的实际腰围与肘关节平齐，在此位置上水平围量一周，一般所测尺寸为净尺寸。

2. 腹凸度

腹凸度是指人体腹部与人体垂直线所形成的夹角，根据女性腹部凸起的大小决定腹凸度的大小，是前片裙、裤腰省取量大小的依据。

3. 臀凸度

臀凸度是指起翘的臀部与人体垂直线形成的夹角，根据人体造型的差异，臀部起翘的大小也有所不同，从整体来看臀凸度明显大于腹凸度，这也是后腰省量大于前腰省量的依据。

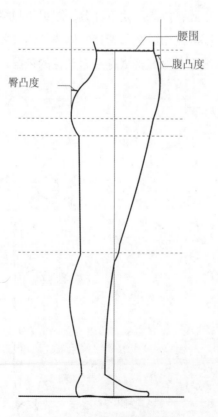

图1-2-4 下肢静态特征示意图

三、人体下肢的动态尺寸

人体下肢的动态尺寸主要是指人体下肢在日常生活中的行为动作，主要包括步行、跑步、攀登、高抬腿，甚至在特殊情况下的跳跃等行为。人体的动态形式决定了裙、裤的整体造型与结构特点。因此，应针对人体不同的下肢活动范围和行为方式来选择不同形式的裙、裤结构设计与制板（表1-2-1）。

表1-2-1 人体下肢的动态尺寸　　　　　　　　　　　　　　　　　　　　　　　　单位：cm

动态	足尖至足跟的距离	膝围	作用点
步行	60～70	82～109	步行形式下对裙装下摆的大小、裙摆衩口长短以及裤子整体造型和结构的要求
跑步	70～80	90～120	跑步形式下对裙装下摆的大小、裙摆衩口长短以及裤子整体造型和结构的要求
上楼梯	20	98～114	上楼梯形式下对裙装下摆的大小、裙摆衩口长短以及裤子整体造型和结构的要求
高抬腿	20以上	114以上	高抬腿形式下对裙装下摆的大小、裙摆衩口长短以及裤子整体造型和结构的要求

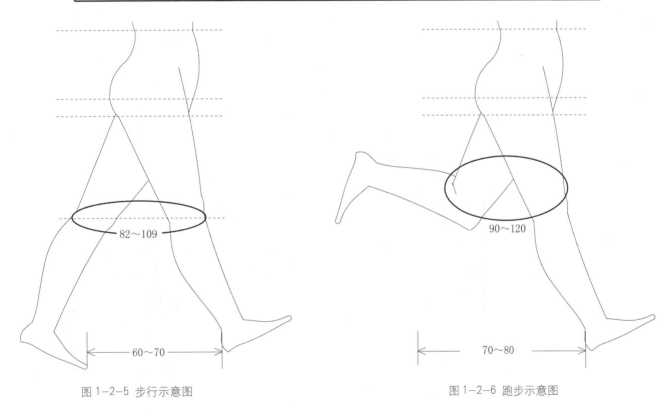

图1-2-5 步行示意图　　　　　　　　　　　　　图1-2-6 跑步示意图

1. 步行（图1-2-5）

通常情况下成年女性的步行足距为60～70cm左右（脚趾与足跟的距离），两膝围度约82～109cm左右，这是裙子结构制板所要考虑的基础数据。

2. 跑步（图1-2-6）

成年女性跑步的足距一般为70～80cm左右（脚趾与足跟的距离），两膝围度约90～120cm左右。

3. 上楼梯（图 1-2-7）

成年女性上楼梯时前腿与后腿足距一般为 20cm（后脚脚尖与足跟的距离），两膝间距在 98 ~ 114cm 之间。

4. 高抬腿

高抬腿时需要胯部与膝部之间的协调一致，胯部的摆动和膝关节的弯曲大小决定高抬腿的力度与高度，一般情况下胯关节前屈最大 120°，后伸 10°（图 1-2-8），内收 30°，外展 45°（图 1-2-9），膝关节后屈 135°（图 1-2-10），后伸 0°，外展 45°，内收 45°（图 1-2-11），腿部所抬高度根据具体情况而定。

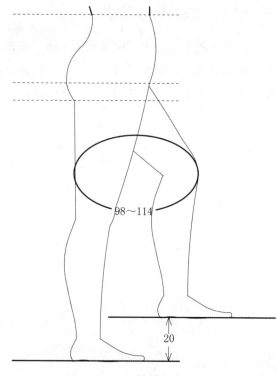

图 1-2-7 上楼梯示意图

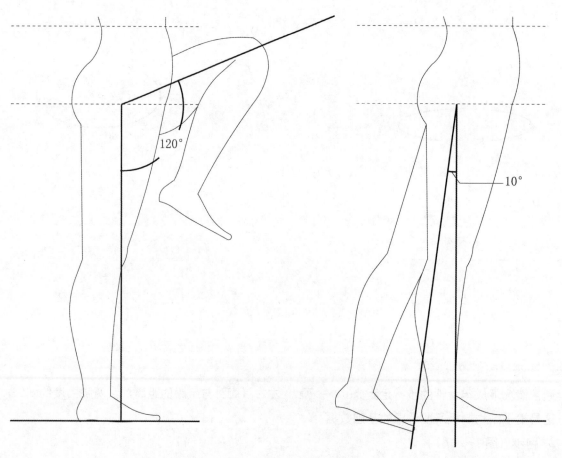

图 1-2-8 胯关节前屈、后伸示意图

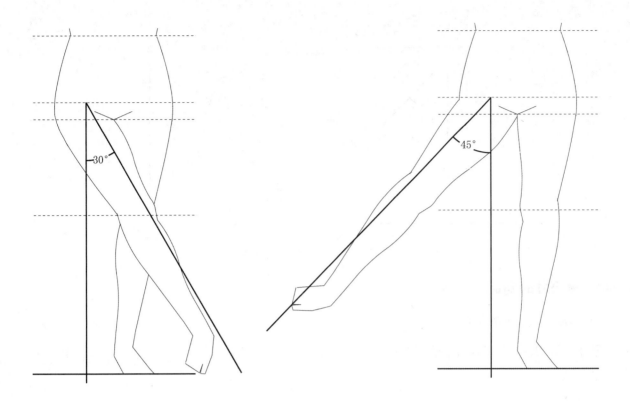

图 1-2-9 膝关节外展、内收示意图

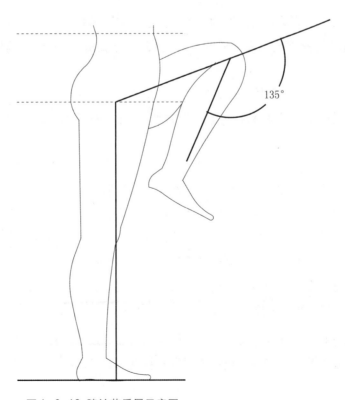

图 1-2-10 膝关节后屈示意图

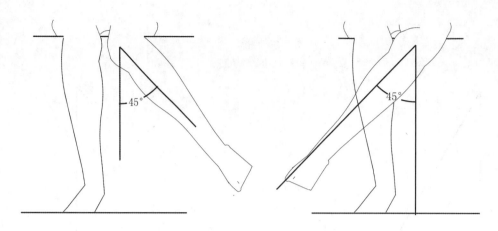

图 1-2-11 膝关节外展、内收示意图

四、裙、裤尺寸的确定

（一）裙、裤尺寸确定的原则

关于裙、裤围度与长度尺寸的确定主要是从四个方面考虑：一是功能性；二是合理性；三是审美性；四是流行性。

1. 功能性

裙、裤围度和长度的设计必须遵循其功能性，即满足人体的各种活动，不同的穿着目的决定裙、裤的围度和长度尺寸。当裙、裤围度和长度阻碍了人体的正常活动，其功能性丧失时，裙、裤结构设计则趋于失败。

2. 合理性

合理性是指裙、裤不仅要具备服装的功能性，而且要符合消费者对服装的接受和认可程度。当围度或长度不断减少或增加时，裙、裤合理程度会逐渐降低，直到无法服用，其合理性消失，裙、裤结构设计趋于失败。

3. 审美性

随着时代的发展，消费者对于服装的需求已不仅仅局限于服装的功能性和合理性，审美功能也备受关注，美观的裙、裤造型日益受到人们的青睐。打破传统理念的裙、裤结构设计，为现代服装潮流增添了新的时尚动力与血液。

4. 时尚性

时尚性因时间、地域、文化等因素的不同而转换，抓住时尚的脉搏是裙、裤结构设计创造性发展的前提。

裙、裤的结构设计作为服务于主体人的客体，自始至终都是围绕人体的活动来设定的，满足人体的正常行为方式是服装结构设计的根本条件。在进行结构设计时应明确人体的各个活动关节，并尽量避免服装对活动关节的制约。因此，下肢的胯部、膝盖部是服装功能性结构设计的重点，裙、裤的围度与长度的设定应以不妨碍活动关节处的基本活动量为前提。当一方受到条件制约时，应以服装的功能性为主。

（二）裙、裤围度尺寸的确定（表 1-2-2）

裙、裤围度主要指腰围、腹围、臀围、髌骨围、脚腕围等尺寸，其中腰围、臀围是裙、裤结构设计所必须的尺寸，腹围、大腿根围、大腿围、髌骨围以及脚腕围多为参考尺寸，是针对特殊裙、裤结构设计时所需要的尺寸。

（1）裙、裤腰围：裙、裤腰围的尺寸确定，多在人体腰围净尺寸的基础上适当加 1 ~ 2cm 为成衣裙、裤腰围的尺寸。

表 1-2-2 裙、裤围度尺寸   单位：cm

名称	裙子	裤子	作用点
腰围尺寸标准	净尺寸或根据设计增加相应尺寸，一般增加增加1～2	净尺寸或根据设计增加相应尺寸，一般增加增加1～2	增加腰围松度
腹围尺寸标准	净尺寸或根据设计增加相应尺寸，一般增加增加2～4	净尺寸或根据设计增加相应尺寸，一般增加增加2～4	增加腹围松度
臀围尺寸标准	净尺寸或根据设计增加相应尺寸，一般增加增加2～6	净尺寸或根据设计增加相应尺寸，一般增加增加2～6	增加臀围松度
中裆大小尺寸标准		净尺寸或根据设计增加相应尺寸，一般增加2	增加髌骨松度
脚腕尺寸标准		根据设计增加相应尺寸	
髌骨线合围尺寸标准	净尺寸或根据设计增加相应尺寸，一般增加增加5～6		增加髌骨合围松度

（2）裙、裤腹围：裙、裤腹围尺寸的测量一般为参考数据，主要针对腹部较合体的裙型和裤型，所用数据多在净尺寸的基础上加 2 ~ 4cm 的放松量，当然根据款式的不同所加的尺寸各不相同。如腹围大，下摆收起的灯笼裙，腹围所需的量应根据设计来确定。

（3）裙、裤臀围：裙、裤臀围的尺寸设定对紧身的款式造型非常重要，它直接决定了裙、裤的整体造型与外观，一般情况下紧身裙、裤的尺寸多为净尺寸上加 2 ~ 6cm 左右。若是具有弹性的牛仔面料，并且款式上需要塑身，可采用净臀围的尺寸。当然，在特定的条件下应具体款式具体分析。如宽松裤的臀围尺寸应根据款式的造型特点，进行合理的尺寸加放。

（4）髌骨围：髌骨围度一般用在裤型制板中，且运用较少，其采寸目的主要用于特殊的裤型中，如要求膝围收紧裤口打开的喇叭裤结构设计。若无特殊裤型的要求，此处的尺寸多数情况下比裤口大 2cm。

（5）脚腕围：脚腕围度在裤型制板中，运用较少，其采寸目的主要用于特殊的裤型中，如裤口收紧的锥形裤或裤口有钮襻的特殊裤型设计等，如果采用一般的面料，此处的尺寸多在净尺寸的基础上增加 2 ~ 4cm 的放松量。若选用的是具有弹力的面料，可选用脚腕围度的净尺寸。

（6）髌骨线合围：髌骨线合围的尺寸设定，运用较少，一般用于特殊的裙型，如髌骨线收紧的鱼尾裙等。如果此处所采用的为无弹力的一般性面料，应在净尺寸的基础上加 5 ~ 10cm 的放松量，来满足膝关节的活动量。若采用有弹力的面料，也应在此处添加 2 ~ 4cm 的活动量。

（三）裙、裤长度尺寸的确定

鉴于人体活动量的制约与限制，裙、裤长短尺寸应以人体的活动范围为基准，同时尽量满足人体下肢的活动量。

1. 裙长尺寸的确定（图 1-2-12）

（1）长裙：应根据设计来确定，长裙从髌骨线至脚踝部的 1/2 处为基点向下设定不同的裙长，或至脚踝处或长裙及地或长裙拖地，但设计以不妨碍人体活动为主。

（2）中裙：中裙的长度以髌骨线为基点的上下长度，最长不超过髌骨线至脚踝部，最短不短于大转子

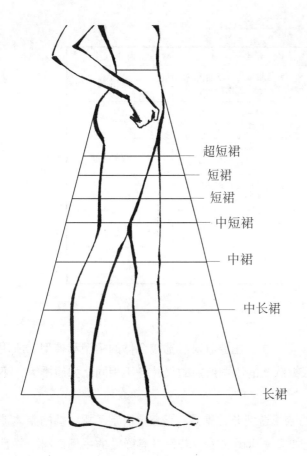

图 1-2-12 裙长尺寸的设定

超短裙
短裙
短裙
中短裙
中裙
中长裙
长裙

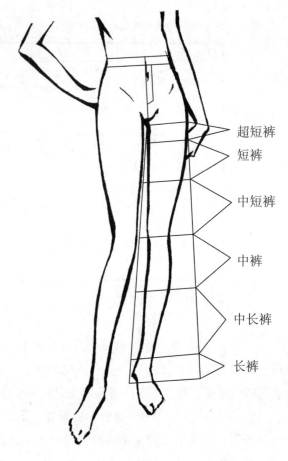

图 1-2-13 裤长尺寸的设定

超短裤
短裤
中短裤
中裤
中长裤
长裤

至髌骨线的中部。在短裙与中裙之间称之为中短裙，而在中裙至长裙之间的裙长则被称之为中长裙。

（3）短裙：短裙的长度以髌骨线与大转子的 1/2 处为基点，向上取其长度，最短不能超过臀围线，短裙以裙最短不超过臀围线为基准，当裙长超过臀围线，裙的意义消失。短裙至臀围线 1/2 处被称之为超短裙，是美腿女性的最爱。

2.裤长尺寸的确定（图 1-2-13）

（1）短裤：短裤的长度以髌骨线与大转子的 1/2 处为基点，向上取其长度，最短不能超过臀围线。其中大腿中部至臀围线的 1/2 处作为短裤与超短裤的分界线。

（2）中裤：中裤的长度以髌骨线为基点的上下长度，最长不超过髌骨线至脚踝部，最短不短于大转子至髌骨线的中部。按照长短又可分为中短裤和中长裤。

（3）长裤：裤长至踝关节以下的裤子都称之为长裤。

第三节 裙、裤制图符号与测量

为了便于服装结构制板的交流、结构制图的统一、保证企业各个环节的顺利沟通以及生产的顺利进行，因此，在服装行业对结构制板的各个部位采用了统一以及规范的代号、绘制符号，其作为服装结构制板与纸样的交流语言，有效地避免了不同绘图语言所产生的理解上的失误与偏颇，是工业化生产的必备条件。

一、服装制板主要部位代号

为了便于交流和认知，国际上通常将服装结构制图中人体的各个部位的英文单词的第一个大写字母作为人体部位的代码。常见的部位代码见表1-3-1。

表1-3-1 服装制图主要部位代码

序号	中文	英文	代码
1	胸围	Bust	B
2	腰围	Waist	W
3	臀围	Hip	H
4	领围	Neck	N
5	肩宽	Shoulder	S
6	领围线	Neck Line	NL
7	胸围线	Bust Line	BL
8	腰围线	Waist Line	WL
9	臀围线	Hip Line	HL
10	中臀围线	Middle Hip Line	MHL
11	肘线	Elbow Line	EL
12	膝围线	Knee Line	KL
13	胸高点	Bust Point	BP
14	肩颈点	Side Neck Point	SNP
15	前颈点	Front Neck Point	FNP
16	后颈点	Back Neck Point	BNP
17	肩端点	Shoulder Point	SP
18	袖窿弧线长	Arm Hole	AH
19	长度	Length	L
20	袖长	Sleeve Length	SL
21	袖口	Sleeve Opening	CW
22	裤口宽	Slack Bottom	SB
23	立裆深	Crotch	CR

二、裙、裤纸样绘制符号

为了规范服装结构制图的规范和统一，在服装结构制图中采用统一标准的各种符号、线型，这些符号、线型的作用不同，所表达的语言不同。常见服装结构制图符号及解析见表1-3-2。

表1-3-2 服装结构制图符号及表示含义

名称	符号	表示含义
实结构线	——————	纸样完成线，多指板型的净样
虚结构线	— — — — —	纸样折叠不被剪开，此折叠线的两边或对称或不对称
实辅助线	————	制图的基本线，具有引导线的作用
虚辅助线	— — — — —	制图的基本线，具有引导线的作用
贴边线	—·—·—·—	主要表示服装的贴边，如门襟、内叠门等
等分线	⌒⌒ (实线与虚线)	表示距离相等的符号
等长符号	◎ ◇ △ ○ □ ◆ ▲ ● ■	表示距离相等的符号，一般多用于等分线无法表示的情况
省缝线	(菱形省符号)	将面料按省线的造型收掉，主要用来体现人体造型和服装的立体形态
褶裥线	(褶裥符号)	面料折叠的结构线，不同的图型表示不同的面料折叠方式
缩褶线	∿∿∿	面料自由收缩符号，如面料的吃势、服装的局部碎褶等
丝缕符号	←————→	纸样所标出的丝缕符号，此符号应与面料的经向协调一致
毛向线	————→	主要针对带有毛向的面料，箭头所指方向应与面料的毛向相一致，如毛皮、灯芯绒等
斜纱符号	✕	箭头所表示的方向为布面的斜纱方向

(续表)

名称	符号	表示含义
重叠交叉线		纸样放量时出现的重叠、交叉、且两条相重叠的线段等长，分离复制纸样时要重新修正纸样，各归其主
直角符号		制板过程中两条直线相交呈90°角的结构造型
合并符号		合并符号又叫整形符号，由于结构设计的需要，将原有的两条结构线进行合并，形成新的结构造型，如原有的前后肩线合并后，被育克取代
省略符号		表示长度较长而在结构图中无法全部画出来的部分
剪切符号		纸样在进行设计和修正过程中，往往需要将原有的纸样剪开、放量等，剪刀口所对着的部位就是纸样需要剪开修正的位置。此标注只做修正纸样的过程，不做纸样的最终结果
拔开符号		利用高温和特殊的操作技术将面料拔开变长，成工艺制作所需要的造型
归拢符号		利用高温和特殊的操作技术将面料归拢变短，成工艺制作所需要的造型
线迹符号		实线为边缝，虚线为车缝线迹，虚线的多少和与边缝的远近根据设计需要确定
扣位符号		钉钮扣和扣眼的位置
缝止位置		缝线止点和拉链止点的位置

三、人体下肢测量名称与方法

裙、裤制板的主要依据是腰部以下的人体测量数据，因此所涉及的尺寸主要有腰部、腹部、臀部等围度的测量数据以及裙、裤的长度设定。同时为了更好地掌控成衣的变化规律，裙、裤的测量以净样尺寸为准，即人体各部位不加放松量的最小尺寸。所测围度，如腰围、臀围、腹围等位置，不加放松量，但其长度测量应根据具体要求具体测量。测量时，被测者着紧身衣，以自然的形态站立，所测数据以人体左侧为基准。

（一）围度测量（图1-3-1）

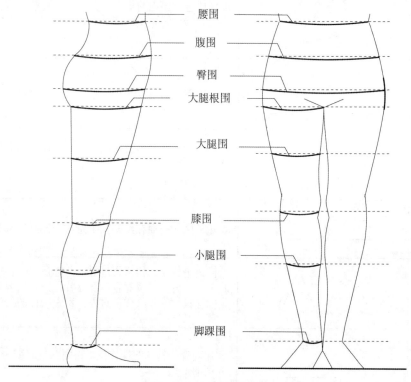

腰围

腹围

臀围

大腿根围

大腿围

膝围

小腿围

脚踝围

图 1-3-1 人体围度测量

（1）腰围：肘关节与腰部重合为测量基点，即腰部最细处，水平围量一周，正常呼吸，软尺不紧绷、不下滑。

（2）臀围：臀部最丰满处水平围量一周，软尺不紧绷、不下滑。

（3）腹围：腰围与臀围的1/2处水平围量一周，软尺不紧绷、不下滑。

（5）大腿根围：大腿与臀结合点的围度处，水平测量一周，软尺不紧绷、不下滑。

（6）大腿围：大腿根至髌骨线的中点位置，水平围量一周，软尺不紧绷、不下滑。

（7）膝围：腿部膝盖处水平围量一周（参考数据），软尺不紧绷、不下滑。

（8）小腿围：髌骨线至脚腕围的中点位置，软尺水平围量一周，软尺不紧绷、不下滑。

（9）脚腕围：脚腕处水平围量一周，软尺不紧绷、不下滑。

（二）长度测量（图1-3-2）

（1）裤长：以腰部为测量基点，量至脚踝处，为裤长的基本长度，也可根据设计确定裤长。

（2）股上长：腰部至臀围部的长度，测量时根据人体的曲线，软尺从腰部至臀部自然测量。

（3）膝长：从腰部量至髌骨线处。

（4）下裆长：大腿根部至地面的长度。

（5）腰高：腰围至地面的长度。

（6）臀高：臀围部至地面的长度。

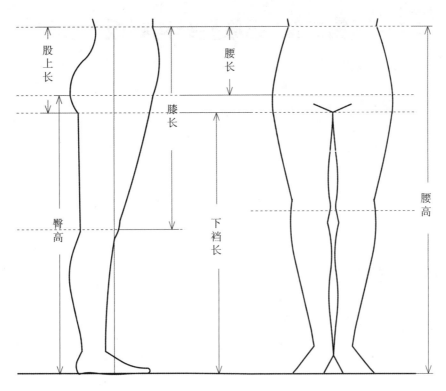

图 1-3-2 人体长度测量

【课后练习题】

（1）熟练掌握服装常用的专业术语、常用符号以及部位代码。

（2）有针对性地对人体进行测量。

（3）对测量数据进行总结和分析，寻找异同点，并对产生的原因进行分析总结。

【课后思考】

（1）人体构造与服装之间的关系。

（2）不同人体所测数据产生异同的原因，并对不同人体形态进行相应的归纳与总结。

（3）如何对人体测量要领进行灵活性运用。

第二章 裙原型结构制板

【学习内容】

（1）裙原型的特点。

（2）裙原型的结构名称。

（3）裙原型的制板原理与方法。

【学习重点】

（1）正确了解裙子的结构名称。

（2）熟练掌握裙子原型的制板原理与技巧。

【学习难点】

裙子原型的制板原理与技巧。

裙子作为女性必不可少的装束之一，具有悠久的文化历史。虽然不同的历史时期所蕴含的裙装文化大相径庭，但其飘逸典雅的造型特点备受人们喜爱。随着时代的发展和科技的进步，裙装也由原来遮衣蔽体的实用性功能逐渐向标新立异的审美性发展。本章以裙子的原型为基点，将裙装分解成裙子的细节与裙身两大块进行全方位的结构设计与分析，并针对两大块所涉及的点、线、面进行全面、细致的讲解，力图使裙、裤结构与设计达到真正意义上的结合与统一。

通过对事物结构形成轨迹的分析和理解，不难发现任何事物都有其规律可循，裙子也是如此，从表面上看裙子的种类多种多样，形式千差万别，但究其根本，裙装始终围绕裙腰、裙身两大部分变化，而这两大块也始终遵循服装结构规律的基本变化，即点、线、面、体的变化。这四个变化的基本规律，在整个服装结构设计中具有很强的普遍性，而作为最简单也最易理解的裙装其设计规律最为典型。

裙装两大块的造型是怎样的？是什么决定了其造型的变化规律？这两者之间有什么不可分割的关系？两大块中所涉及到的点、线、面、体的运用规律是什么？这是本章将要解决的重点。

第一节 裙原型结构制板名称

在绘制裙原型之前，必须熟知裙原型的结构名称、作用和专业术语等，通过了解与认知，为后期有的放矢地进行裙子原型的结构设计与制板提供方便（图2-1-1）。

一、横向线

（1）腰围辅助线：位于腰围处的辅助线，前后腰围弧线以此线为基线进行绘制。

（2）臀围线：以人体的臀长为臀围线位，平行于腰围的辅助线，臀围线是决定功能和造型的关键性部位。

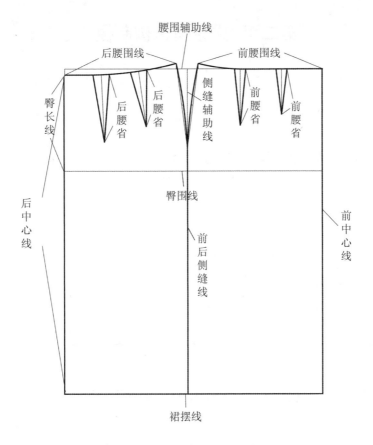

图 2-1-1 裙原型名称

（3）腹围线：位于人体腰部至臀围的 1/2 处，与臀围线相平行，此线是裙前省量长度取舍的依据。

（4）裙摆线：根据裙款的长度确定裙摆线的位置，裙摆大小决定裙摆线结构造型的选择。

（5）前腰围线：在前腰围辅助线上绘制的符合人体前腰部造型的线。

（6）后腰围线：在后腰围辅助线上绘制的符合人体后腰部造型的线。

二、竖向线

（1）前中心线：位于人体前下肢的中心位置，与腰围辅助线相垂直，是裙款前身纸样造型设计的参照线。

（2）后中心线：位于人体后下肢的中心位置，与前中心线相平行，是裙款后身纸样造型设计的参照线。

（3）侧缝辅助线：是人体腰部、胯部以及下肢外侧的辅助线，此线与前后中心线相平行，是完成前后侧缝线的参照线。

（4）前片侧缝线：是人体腰部、胯部以及下肢外侧的结构线，由于与后侧缝线相缝合，因此一般情况下与后侧缝线在长度、造型上基本一致。但也不排除特殊裙款造型造成的前后侧缝线的迥异。

（5）后片侧缝线：没有特殊的情况下与前侧缝线在位置、长度、造型上相似。

第二节 裙原型结构制板

一、裙原型结构制板

（一）结构特点

裙子原型纸样是在净尺寸的基础上，加上适当的人体活动量制板而成，其特点为腰围、臀围、腹围合体，长度适中。不同形式的裙型将以此为基样进行结构设计的创新与变化。

（二）所需尺寸（表2-2-1）

表2-2-1 裙原型结构制板所需尺寸　　　　　　　　　　　　　　　　单位：cm

号型	部位名称	臀围(H)	腰围（W）	臀长（HL）	裙长（L）
160/66A	人体净尺寸	94	66	18	60
	成衣尺寸	98	66	18	60

（三）制板方法（图2-2-1，注：图中W为净腰围，H为净臀围）

1. 基础线的绘制

（1）作长方形：宽为H/2+1.5~2cm，长为实际裙长减腰头。确定腰围辅助线、裙摆线辅助线、前后中心线。

（2）作臀围线：以腰围辅助线与后中心线的交点为基点，向下测量臀长18cm，画出与腰围辅助线相平行的线段与前中线相交，臀围线确定。

（3）侧缝辅助线：在臀围线上，取前中心线与后中心线之间宽的1/2，同时向后中心线进1cm，并以此为基点，作前后中心线的平行线，上交与腰围辅助线，下交与裙摆线，侧缝辅助线完成。

2. 侧缝线

（1）前侧缝线：

①以前中心线与腰围辅助线的交点为基点测量W/4+2作为前腰围的长度，产生前臀围/4和前腰围/4的差，并将差量平均分成三等份，其中一份给前侧缝，以多余量的形式收掉，另外两份以省量的形式平均分给前腰围。

②以臀围线与侧缝辅助线的交点为基点，向上3~5cm确定辅助点①，同时与前腰围线的长度直线相交，并上升0.7~1.5cm。

③辅助点①至腰围线的1/2垂直上升0.5cm，作胖势画顺，前侧缝线完成。

（2）后侧缝线：

①以后中心线与腰围辅助线的交点为基点，测量W/4-2作为后腰围的长度，产生后臀围的1/4和后腰围的1/4的差，并将差平均分成三等份，其中一份给后侧缝以多余量的形式收掉，另外两份以省量的形式平均分给后腰围。或者将此差量分配给后侧缝线和2个后省，后侧缝线处的省量大小同于前侧缝线处的省量大小，后侧缝线省量取掉后所剩的余量平均分配为2个后腰省。

②以臀围线与侧缝辅助线的交点为基点，向上3~5cm，同时与后腰围线的长度直线相交并上升

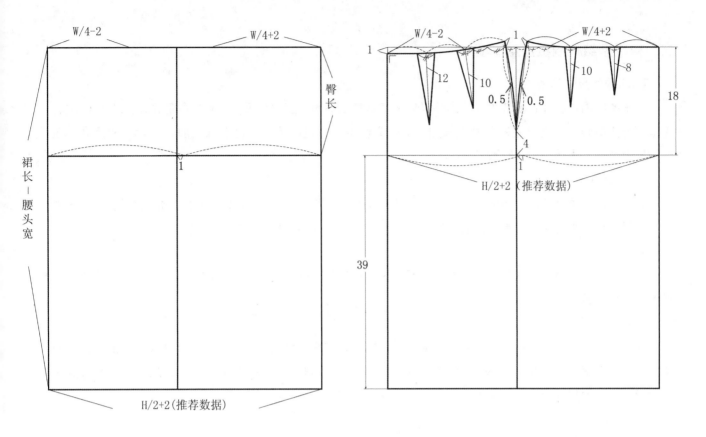

图 2-2-1 裙原型基础图

0.7～1.5cm。

③在腰围线与侧缝辅助线的交点处上升 3 ～ 5cm，直线连接至后腰围线，取此线段的 1/2，垂直上升 0.2 ～ 0.5cm，胖势画顺，后侧缝线完成。

3. 腰围线

（1）前腰围线：

①以前侧缝线结束点为基点，曲线与前腰围线的辅助线 1/3 处相切。

②前中心线与腰围线成直角。

③将臀围与前腰围差的 2/3 以省量的形式收入前腰围线中，将前腰围线的长度平均分成三等份，确定前腰省位，2 个前省分别与前腰围线相垂直。

（2）后腰围线：

①以腰围辅助线与后中心线的交点为基点向下取 0.5 ～ 1cm 来适应人体臀部大小的变化。

②后中心线与腰围线成直角，后曲线连接侧缝线。

③将臀围宽与后腰围长差的 2/3 以省量的形式收入后腰围线中，并把后腰围线的长度平均分成三等份，确定后腰省位，2 个后省分别垂直于后腰围线。

4. 前后省的长度

（1）前省长度，以腹围线为基准，向上可取任意数值的省量长度，一般情况下前省尖结束点在腹围线附近为最佳。若超过腹围线，会造成腹围紧绷的现象，裙装功能性丧失。

（2）后省尖长度，根据人体臀部的造型特点，靠近后中心线的省尖一般以偏离臀围线 5cm 以上的尺寸为第一个后省尖的结束点，比靠近侧缝线的省尖长 1 ～ 2cm。

二、裙原型结构制板注意事项

1. 腰围的尺寸加放

裙子的腰围结构设计要考虑人体的呼吸量和基本的活动量，正常呼吸使净尺寸的腰围增加1.5cm左右，端坐、行走等日常行为会在净尺寸上增加1.5～2cm的尺寸差，因此，适当地增加1～2cm的尺寸，在一定程度上增加了人体活动的舒适性。

2. 臀围的尺寸加放

臀围的尺寸虽然不受关节活动量的限制，但人体基本的坐、立、行、弯腰等基本活动会造成大约2～4cm左右的尺寸量，因此满足臀围基本活动量的尺寸最少在净尺寸的基础上增加4cm左右。

3. 侧缝线的起翘

侧缝线起翘的多少是根据人体腹围和臀围的大小决定的，一般情况下，腹围、臀围较大侧缝线的起翘量越大，反之则越小。

4. 裙后腰的下降

裙后腰的下降也不是一成不变的，它受人体臀部的丰满程度影响很大，为满足臀围大而翘的欧美体型，英式裙结构无裙后腰下降，而美式裙结构还要起翘1.3cm来满足臀部的丰满。亚洲人扁平娇小的臀围决定了裙后腰下降的尺寸大小，臀围越小下降越大，反之则下降越小或不下降。

5. 省量设定

省量是臀、腰差的结果，臀、腰差之间的大小决定了省量的大小，同时省量还受裙子款式造型设计的影响。不同的款式造型决定了省量的大小、长短、位置、造型等变化。

【课后练习题】

（1）熟练掌握裙装原型的制板原理与方法。

（2）根据裙装原型对臀围、腰围所加尺寸进行分析验证。

（3）针对不同臀围与腰围之间的尺寸差，有针对性地进行省量的位置及大小的设定。

（4）制作1：1、1：5的裙基样，为后期裙型的各种结构制板做准备。

（5）利用白坯布将裙基样进行实际的工艺制作，分析其中出现的各种现象，并对不协调现象作进一步的分析和完善。

【课后思考】

（1）对原型裙的臀围、腰围尺寸的设定与思考。

（2）对原型侧缝线起翘与后中心线下降规律的分析与思考。

（3）为什么省尖要离开臀尖和腹围几厘米？

（4）原型裙侧缝线胖式划顺的规律有哪些？

第三章 裙子细节结构制板

【学习内容】

（1）裙腰省的结构设计原理与纸样绘制方法。

（2）裙腰的结构设计原理与纸样绘制方法。

（3）裙摆的结构设计原理与纸样绘制方法。

（4）裙开门的结构设计原理与纸样绘制方法。

（5）裙衩口的结构设计原理与纸样绘制方法。

（6）裙侧缝线的结构设计原理与纸样绘制方法。

【学习重点】

（1）熟练掌握裙子局部结构设计原理与绘制方法。

（2）对每一个局部结构设计的原理与方法进行正确理解与分析。

（3）将原理分析透彻，做到举一反三。

【学习难点】

（1）裙子局部结构制板的原理与技巧。

（2）以原型裙为基点的局部结构设计的各种变化技巧与方法。

（3）针对不同裙型变化灵活运用其结构设计规律。

　　裙子的细节结构设计又称裙子的局部结构设计，是将整个裙型按照其形成规律，分解成一个个独立的个体，并对这些个体进行充分的理解与分析，探究其结构的设计规律与方法，归纳、总结出其结构设计的原理，然后进行具体的结构设计，如裙省、裙腰、裙摆、衩口、开门等。它一方面有助于加强裙装功能性结构设计的认知，另一方面促进了裙装结构设计的形式美法则，使其达到真正意义上结构与设计的融合与统一。成功的裙装局部结构设计，使呆板、单调的裙装款式焕然一新。

第一节 裙腰省结构制板

　　省是完善裙装结构设计的必要手段，合理的省量取舍，有助于裙装立体造型的确立。省的功能性使裙装更加符合人体造型，弥补臀、腰差的不可调和性，因此，省成为裙装结构设计中不可或缺的一部分。在裙装中的省分为有省、无省两大部分。

一、有省

　　有省是指以线的形式出现在裙装的腰围与腹围、腰围与臀围之间，能体现裙装的主体形态。其位置、大小、多少以及长短决定着裙装的款式造型。在有省的情况下，制板需要注意以下几种情况：①合理地计算省量大小；②正确地设定省量位置；③省尖长度在裙装的合理范围之内；④省必须与腰围线垂直；⑤省量分配合理，若无特殊设计要求，当省量增加到4cm以上应将此量分割成2个或多个省来消化。

（一）省位（图3-1-1）

收身的裙子结构设计，需要将人体下肢的凹凸合理地体现出来，臀部凸点明显，因此腰、臀差明显，腹围凸点虽然不是很明显，但凸点依然存在，这2个凸点分布并不是突兀和孤立的，而是均匀细致的，因此，省尖分布的位置应在中腰线和臀、腹围之间的连线上，即省尖位可在这条横线上的任何一个点位（图3-1-2）。由此可以得出，前后片的省位并不一定平均分配在前后腰围线的1/3处，而是根据具体的款式设计要求来设定。或靠近前、后中心线，或靠近前后侧缝线，或对称或不对称等多种形式。

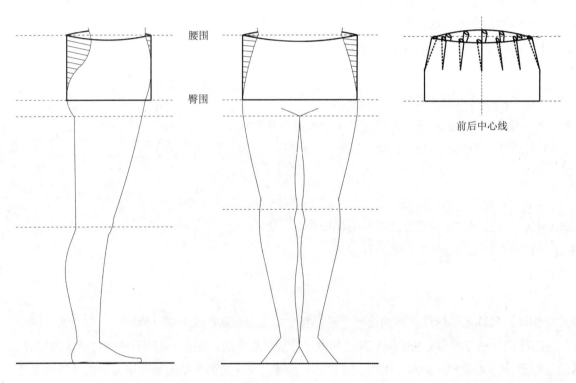

图 3-1-1 省位原理图

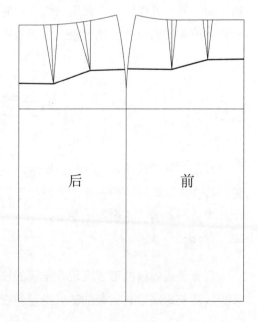

图 3-1-2 省位分布原理图

1. 平均分配在腰围线的省位（图 3-1-3）

将前后片腰围宽平均分成三等分，并将省量平均放在其中的制板方法。

2. 靠近侧缝线的省位（图 3-1-4）

将省位向前后侧缝线靠拢，两省与侧缝线距离的尺寸设定可根据设计的要求确定。

3. 靠近中心线的省位（图 3-1-5）

省位主要在前后中心线附近，距离前后中心线的尺寸应根据设计要求确定。

4. 呈分散性分布的省位（图 3-1-6）

2 个省位的位置不再具有一致性，一省靠近侧缝线而另一个省则可以在裙腰的 1/2 处或靠近前中心线，从而造成两省之间的分散性。

5. 不对称的省位（图 3-1-7）

省量的分布不再按照常规的规律进行设定，腰省或一半聚集，一半分散，造成裙腰省位的不对称形态。

注意：省尖长度应根据位置的变化做适当调整。

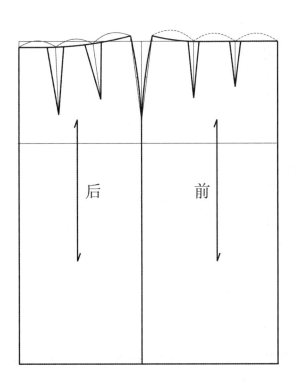

图 3-1-3 平均分配的省位

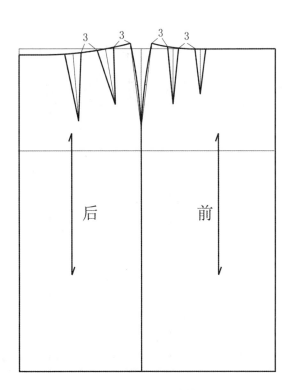

图 3-1-4 靠近侧缝线的省位

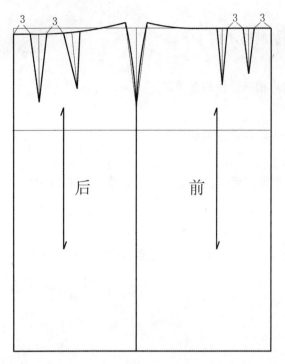

图 3-1-5 靠近中心线的省位

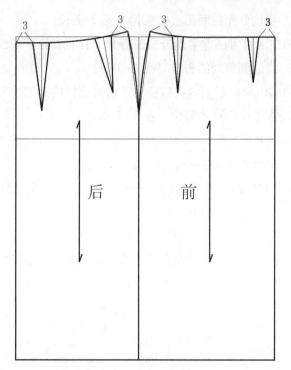

图 3-1-6 分散性省位

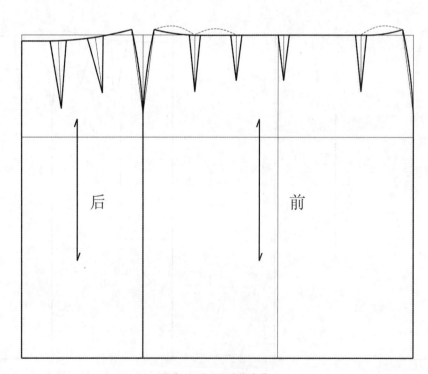

图 3-1-7 不对称省位

（二）省量的大小

裙腰省量的大小决定裙款腰部的肥瘦程度和结构造型，主要有以下几种情况：

1. 根据人体形态确定省量大小

根据臀围与腰围差来确定省量的大小，臀围大，腰围小，省量大；反之则省量小。

（1）臀围较大，腰围较小的人体造型（图3-1-8）。

①尺寸：H*=96cm，W*=68cm；

②制板：前H=H*/4+1+1=26cm，前W=W*/4+2=19cm，26-19=7cm为前臀围与腰围的尺寸差，将尺寸差分别收在侧缝线和前片的2个省量上，前省为7/3=2.33cm；后H=H*/4+1-1=24cm，后W=W*/4-2=15cm，24-15=9cm为后臀围与腰围的尺寸差，将尺寸差分别收在侧缝线和后片2个省上，后省大为9/3=3cm。相对来说前后省量较大。

（2）臀围较小，腰围较大的人体造型（图3-1-9）。

①尺寸：H*=90cm，W*=78cm；

②制板：前H=H*/4+1+1=24.5cm，前W=W*/4+2=21.5cm，24.5-21.5=3cm为前臀围与腰围的尺寸差，将尺寸差分别收在侧缝线和前片的2个省量上，前省为3/3=1cm；后H=H*/4+1-1=22.5cm，后W=W*/4-2=17.5cm，22.5-17.5=5cm为后臀围与腰围的尺寸差，将尺寸差分别收在侧缝线和后片2个省上，后省大为5/3=1.6cm。相对来说前后省量较小。

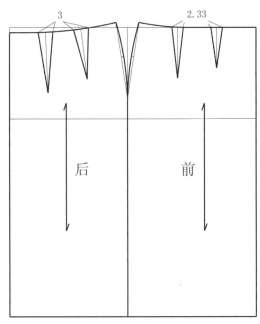

图3-1-8 臀围大，腰围小

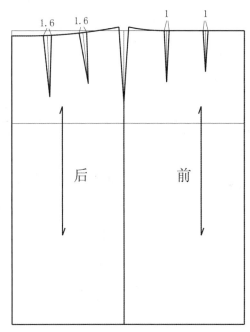

图3-1-9 臀围小，腰围大

2. 根据设计确定省量的大小

在满足腰、臀差量的基础上，根据设计重新设定省量大小的一种制板方法。一般情况下，腰省加大的同时，腹、臀的尺寸也应进行尺寸加放。如图3-1-10和图3-1-11，但有时由于特殊情况的需要，也会出现腹、臀围合体的现象。这种情形下的腰省加大，会导致省尖的凸起变大，影响裙身的整体效果（特殊的裙造型例外），因此应根据省量的大小相应地进行数量上的变化，如前腰省由原来的2个省量，可增加为6个省量的结构设计。

此类制板多因工艺的不同而产生不同的裙装效果。省量的大小、长短、多少都是决定裙款形态特征的关键。

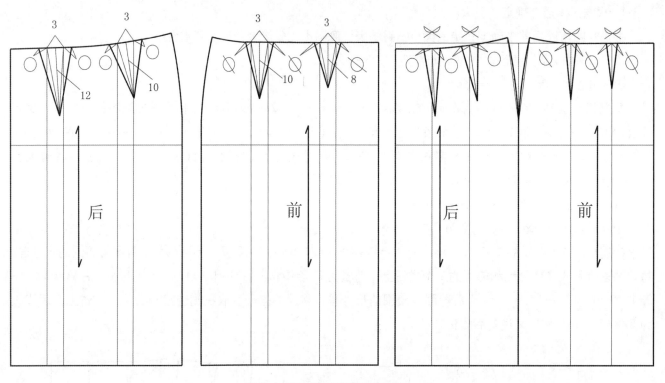

图 3-1-10 省量与裙摆同时增加

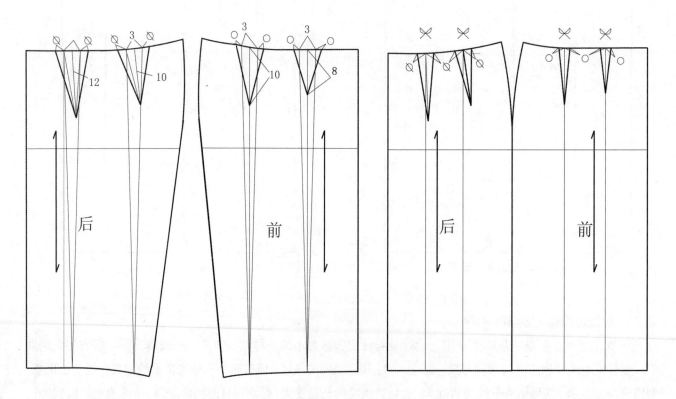

图 3-1-11 省量增加，裙摆不增加

（三）省尖的长短

省尖的长短也是决定裙型的关键，在满足人体造型的基础上可根据设计确定省尖的长短。

1. 短省（图3-1-12）

在腹围线以上取任意长度的省尖长度，当省尖达到最短为0时，省的性质发生变化，名称也由原来的省改变为活褶。腹围的余量会因为省尖的变短而增大，从而符合特殊的裙型结构。有时也会因为腰围线的下降从而导致省长度上的减少，形成视觉上的短省。

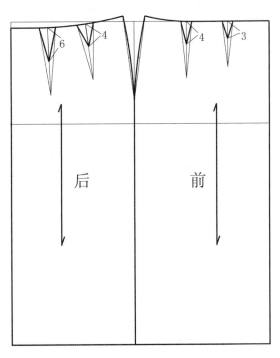

图 3-1-12 短省

2. 长省（图3-1-13）

在正常的裙款设计中，省尖过长会导致裙装结构的不合理，但在特殊的裙装结构设计中省尖的长度允许超过腹围线和臀围线，但前提必须满足腹、臀余量的增加，当省尖加长到一定程度时，其性质发生根本性的变化，在视觉上有装饰线的效果。

具体制板方法有两种：

（1）确定省尖的长度和具体位置，并以此为基点剪切至裙摆，同时，根据设计要求打开一定量，来满足省尖长度的需要，省尖长度应根据设计确定。但有时由于打开的长度与传统省尖的长度相差很大，省尖的凸起会出现在不应该出现的范围内，为解决设计与裙型相协调的目的，所打开的量应尽量小一些。当凸起在所难免时，裙装后处理会在一定程度上削弱其不利因素，如熨烫整型等方法。

（2）以省位为基准剪开至省尖的长度，所打开的量尽量要小，以免在省尖处出现不必要的凸起。

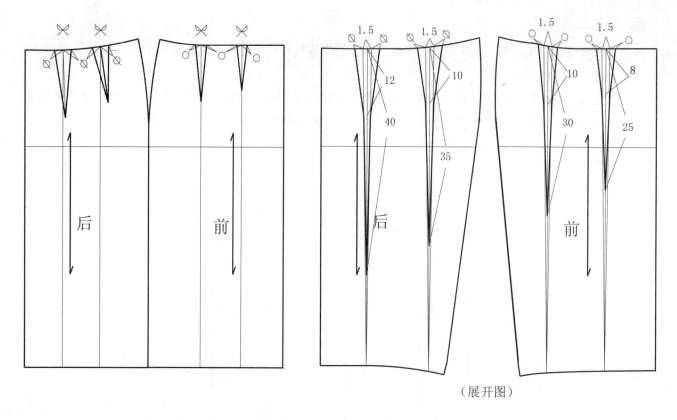

（展开图）

图 3-1-13 长省

（四）省的多少

前后裙片省的数量也不是一成不变的，而是根据结构设计的要求来确定，裙装可 2 个省、4 个省、6 个省、8 个省……。随着裙装款式的日趋丰富，省在数量上的取舍也成为裙装结构设计的一个重点。

1. 2 个省（图 3-1-14）

2 个省主要是指前后裙片各 2 个省量的裙装结构设计。制板过程与裙型基样的省量处理相同，只是将原型中前后片的四个省量中的 2 个省量一半归于侧缝线、一半给腰省的制板方法。

2. 4 个省

4 个省是指裙片前后各 4 个省量，制板方式同于原型裙，在此不再赘述。

3. 多个省（图 3-1-15）

多个省主要是指 4 个省量以上的省量分布，随着省数量的增加，其存在特征也有由原来的功能性逐渐向装饰性发展，出现功能性与装饰性并存的现象。制板时将臀围与腰围的多余量平均分配给所需数量的省中，省位可根据设计来确定，或集中、或分散、或平均分配给腰围，但省需与前后腰围线相垂直。

二、无省

有的裙款会出现无省的现象，一般有三种情况：第一种是腰、腹、臀差较小，从而将较小的省量差全部归于侧缝线处；第二种是由于腰围线的下降（如低腰裙）减掉了存在于裙身的腰、腹、臀的尺寸差，而形成的无省现象；第三种是省量不出现在传统的腰、臀之间，但省量以另一种形式存在于裙身中的某些结构线或装饰线中，在服装结构设计中通常将这种现象称之为省量转移。

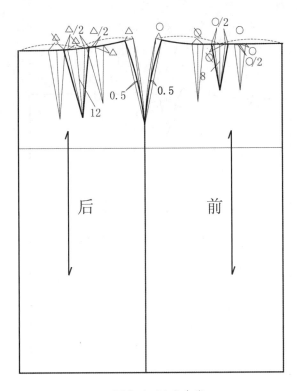

图 3-1-14　2 个省

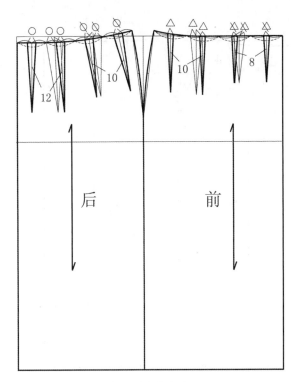

图 3-1-15　多个省

（一）腰、腹、臀差较小的无省现象（图 3-1-16）

此类制板多用在腰围较大、臀围较小的特殊体型中，反之，则会出现裙装功能性受阻的现象，因此，一般情况下不赞成采用这种制板方法。在制板过程中由于将腰、腹、臀之间的尺寸差全部隐于裙装的侧缝线处，因此在一定程度上没有给腹部和臀部一定尺寸差的缓冲，从而造成在某种程度上腹围和臀围紧绷的现象，为缓和这种现象的出现，在连接腰围到臀围的直线辅助线上，应作垂直线，并取一定数值（数值的大小应根据腰臀差的大小决定，差越大，所取数值越大）并以此点为依据作胖势画顺。同时此类裙装在面料选择上有很高的要求，如选择质地硬挺的牛仔布，避免臀、腹拉伸造成的面料走形，或采用有弹力的面料来满足没有省量而造成臀围和腹围对面料的拉伸。

（二）低腰造成的无省现象（图 3-1-17）

在现实生活中，我们经常会接触到无省量的裙型，这种裙型的产生多与裙腰线的降低有关，当裙腰线降低到腹围线左右的时候，省也失去了存在意义，这就是常见的中腰裙和低腰裙的无省现象。通过降低腰围线的形式造成无省现象，有时会无法完全满足省尖的全部舍弃，当所降低的腰围线无法满足省量的全部舍弃时，可将所剩无几的省份归于侧缝线处。当然也可以在下降的低腰围线处进行人体具体测量，从而完成低腰位围度尺寸的设定。

一般情况下在侧缝线处剪掉所剩的部分省量时，应多剪掉 0.5cm（推荐数据，应根据不同人体的具体尺寸进行相应的缩减）的量，使裙低腰处更加紧密地与人体相结合。为保障裙低腰的合体性，具体测量下降腰围处的实际尺寸，会更利于裙低腰尺寸的把握。

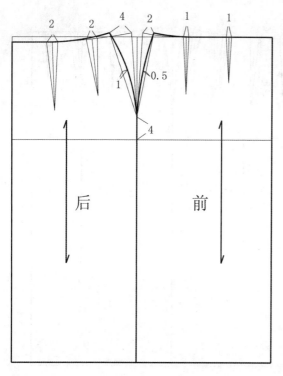

图 3-1-16 臀腰差较小造成的无省

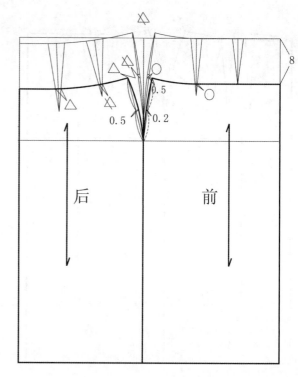

图 3-1-17 低腰造成的无省

（三）省量转移

　　裙型的省尖位置决定省量转移的结束点，因此选择省量转移的线段以省尖位置为基点进行省量的转移。值得注意的是，设计省量转移时，应遵循通过或靠近省尖的制板方式，只有这样才能保证裙款线段与省量线段长度的一致性以及被转移的省量大小不会发生改变。

　　省量转移时应根据省的多少来转移，针对多个省的转移，多采用分别转移法来完成省量的合理分配。省量转移的形式多种多样，在裙装结构设计中每一条线段的出现都有可能隐含着不同的结构，因此应对每一个裙款造型中的每一条线段作细致的分析和研究，从而使整个裙款达到理想化的结构设计。本书将形式复杂的省量转移所出现的各种情况归结为两种形式：横线省量转移和竖线省量转移，以便学习与掌握、

　　1. 横向省量转移（图 3-1-18）

　　（1）育克：裙装的育克主要是指在腰臀或腰腹之间作断缝结构的制板方法，育克主要围绕在腰省尖的结束点来完成省量转移，同时保持裙型与人体的吻合度。其结构设计重点在于育克的位置、长短、造型等几个方面的变化。制板方法如下：

　　①确定育克位置。育克在腰臀与腰腹之间所作的断缝必须经过前后裙片的省尖位。

　　②育克形式。育克形式多种多样是裙装主要的结构设计点之一。

　　（2）横向装饰线省量转移（图 3-1-19）：装饰线与育克相比，有更大的灵活性，可形成形式多样、造型独特的裙款结构设计，虽然它不需要对裙装作剪切性的断缝结构，但结束点仍以前、后裙是省尖为基准。

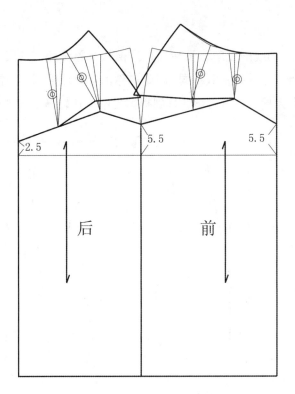
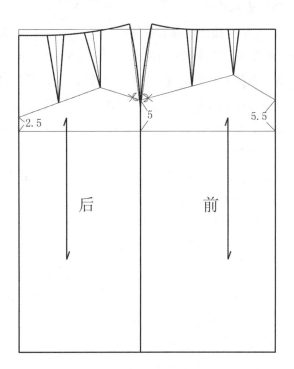

图 3-1-18 横向省量转移（育克）

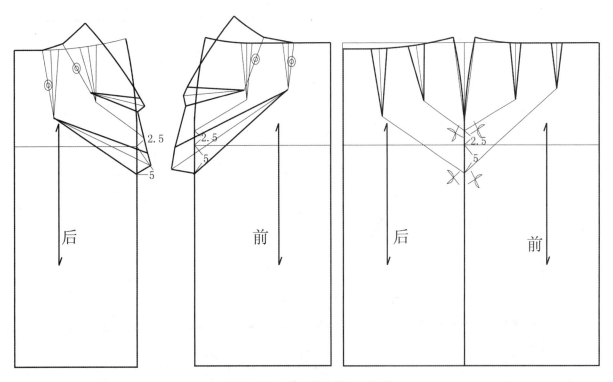

图 3-1-19 横向装饰线省量转移

2．竖向省量转移

（1）有结构线的竖向省量转移（图3-1-20）：有结构线的竖向省量转移是指裙款中隐藏腰省的竖向结构线，通常情况下被称之为片裙，由于省数量的不同，所产生的裙片数不同，因此名称也有四片裙、六片裙、八片裙等一系列的片裙称谓。此类裙的省量转移多以省尖为基点，将省量转移到裙摆当中，在转移过程中可根据裙摆的大小具体确定裙摆打开量的大小，或将前后腰省全部转移到裙摆中，或只转移一部分，而省量的另一部分，在修正竖向结构线时剪掉。

省量通过竖向结构线转移到裙摆后所形成的线段应以直角的形式与裙摆曲线画顺。

（2）无结构线的竖线省量转移：无结构线的裙型是指在裙款中没有腰省也没有明确的剪切线将省量隐于其中，但这并不代表此裙型没有省量，其腰省多转移在裙摆中，省尖的长短决定了臀围和裙摆打开的大小，省尖越短臀围与裙摆打开的量越大，反之则越小。

①传统省量影响下的竖向省量转移（图3-1-21）；
②短省影响下的竖向省量转移（图3-1-22）；
③长省影响下的竖向省量转移（图3-1-23）。

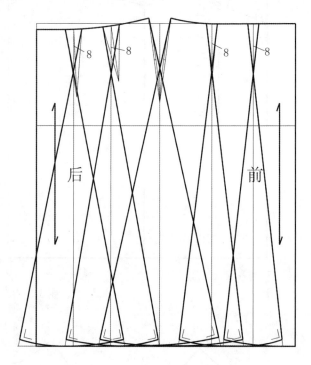

图3-1-20 有结构线的省量转移

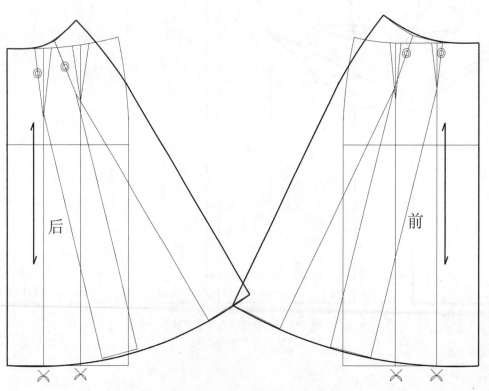

图3-1-21 传统省量影响下的竖向省量转移

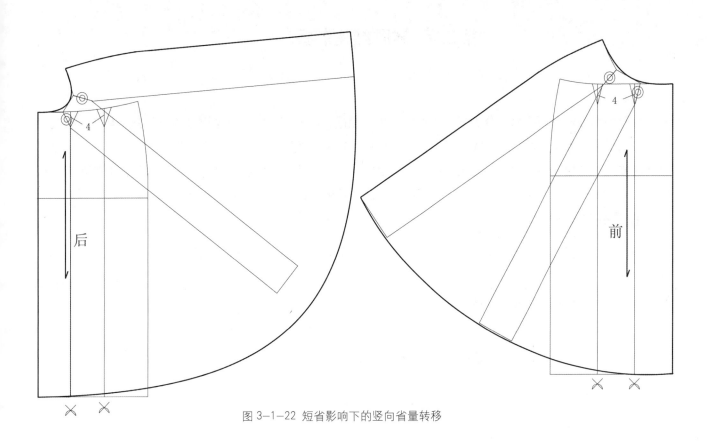

图 3-1-22 短省影响下的竖向省量转移

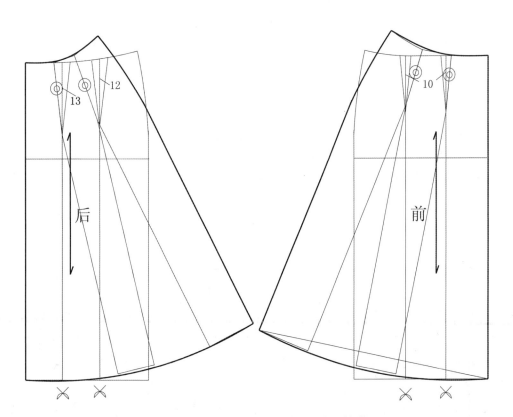

图 3-1-23 长省影响下的竖向省量转移

第二节 裙腰结构制板

　　裙腰是由腰位和腰头两部分组成，两者之间相辅相成、缺一不可。腰位是裙身的一部分，与腰头相连接共同构成裙腰的不同形态，腰位线的高低在一定程度上决定了腰头的宽窄与造型，按其形态可分为高腰位、中高腰位、中腰位、中低腰位、低腰位；裙腰头是连接与固定裙身的结构造型，是下装结构中的重要组成部分之一，按其形态可分为高腰、中高腰、中腰、中低腰、低腰；腰位与腰头的组合有连体腰和分体腰两种形式。

一、按腰头形态分

　　腰位主要是指裙身与腰头衔接的位置，从形态上可分为低腰位、中低腰位、实际腰位、中腰位、中高腰位、高腰位6种形式，划分形式主要以中腰位为基线，向上属高腰位，向下取为低腰位。实际腰围在人体的最细处，但一般情况下的腰位选择多在中腰位处（图3-2-1、图3-2-2）。

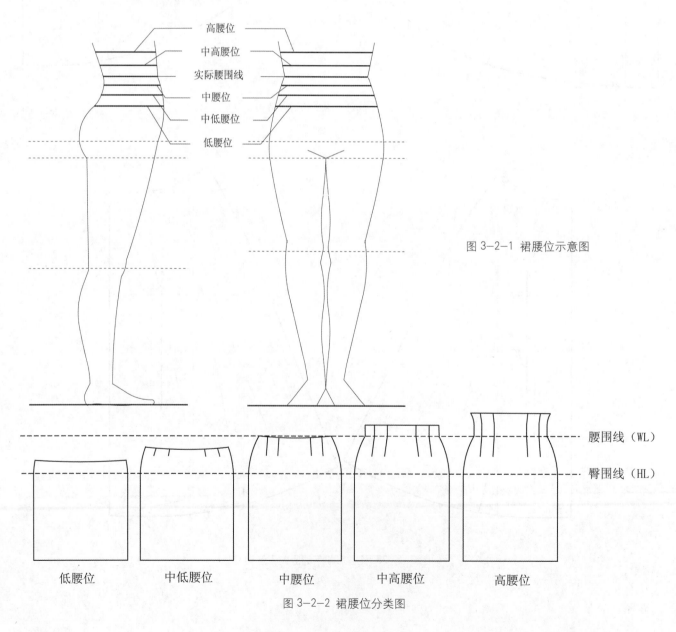

图 3-2-1 裙腰位示意图

图 3-2-2 裙腰位分类图

（一）高腰位（图3-2-3）

以实际腰线为基线，向上增加裙腰的高度，以胸围线下围线为高腰位的上升底限，这种裙型称之为高腰裙，但当裙腰位提升超过胸围线时，则裙装的高腰性质发生变化，名称也由原来的高腰裙变为连衣裙。高腰裙在制板过程中，要注意高腰上围线的尺寸长度与人体尺寸的一致性。由于人体尺寸自腰部至胸围底线是一个逐渐增加的过程，因此制板时，随着裙腰高度的增加尺寸应有所加放，并均匀地加放在省量和侧缝线处，所加尺寸量与人体的实际尺寸围度基本相同。

（二）实际腰位

实际腰位主要是指人体腰部最细处，是人体腰部尺寸测量的关键部位。

（三）中腰位

中腰是指略低于人体实际腰部的位置，是现代裙装常用的腰位选择。中腰又分为中高腰和中低腰两种形式，以中腰位为基线至高腰位底线的1/2处之间的任何一个位置点都属于裙装的高中腰形式（图3-2-4）；中低腰以中腰位为基线向下至低腰位的1/2处的任何一个低度都属于中低腰位（图3-2-5）。这两种腰围线高低的取舍根据具体款式的设计来定。

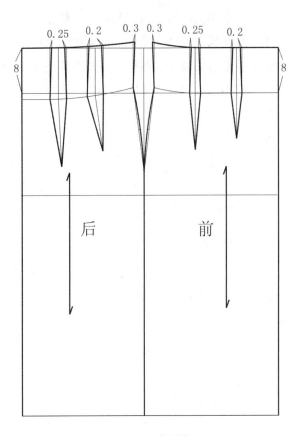

图 3-2-3 高腰位

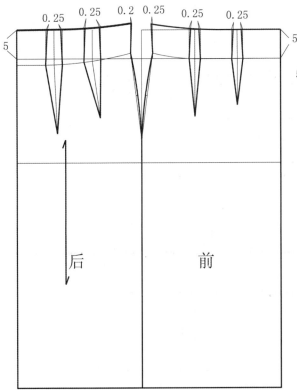

图 3-2-4 中高腰

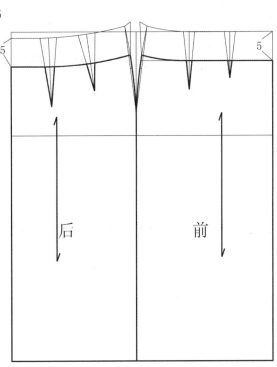

图 3-2-5 中低腰

（四）低腰位（图3-2-6）

以中低腰为基线，向下测量一定数据，以不超过腹围线为底线的裙腰结构设计，裙腰线的长度应与人体所在位置的围度相同。当然根据特殊的裙型，低腰线的位置还可以下降，但在下降的过程中，要考虑裙子与人体的附着性，因此必要时可采取特殊的工艺手段将过低的裙型固定在人体上。由于尺寸下降而造成裙腰部与人体附着力度降低，因此制板过程中多在前后侧缝线处，向里进0.5cm左右来加强裙身与人体的附着力度。

二、按腰头与裙身的关系分

（一）连体腰

连体腰是指在腰与裙身无明显分割线的裙腰造型，即裙腰与裙身为整体一块面料，一般在制板过程要充分考虑好裙腰与裙身的结合方式。连体腰一般分为连体高腰、实际腰、中腰和低腰四种形式，如图3-2-2裙腰位分类。

（二）分体腰

分体腰是指裙装的裙腰与裙身有明显的分割线。从腰头制板的宽窄上又可分为宽腰头、窄腰头和无腰头三种形式，其制板方式有独立制板和在裙身上制板两种形式（图3-2-7）。

（1）宽腰头（图3-2-8）：宽腰头与高腰制板相似，但腰围线可在传统腰线上，也可在腰围线以下或以上，宽度以不超过胸围的下围线为基准。

（2）窄腰头（图3-2-9）：窄腰头的宽度一般为1~3cm左右，当窄腰头下降为0时，裙装款式变为无腰头的裙装造型。

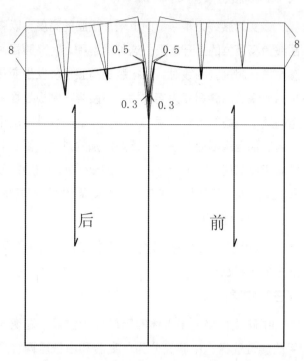

图3-2-6 低腰位

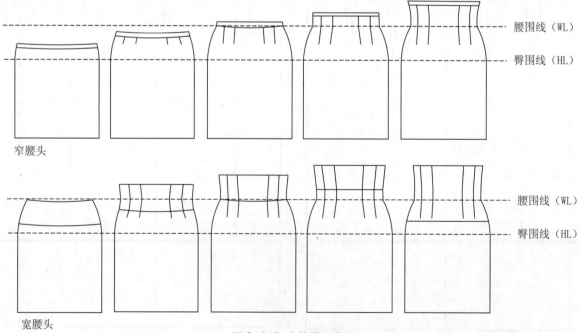

图3-2-7 分体腰示意图

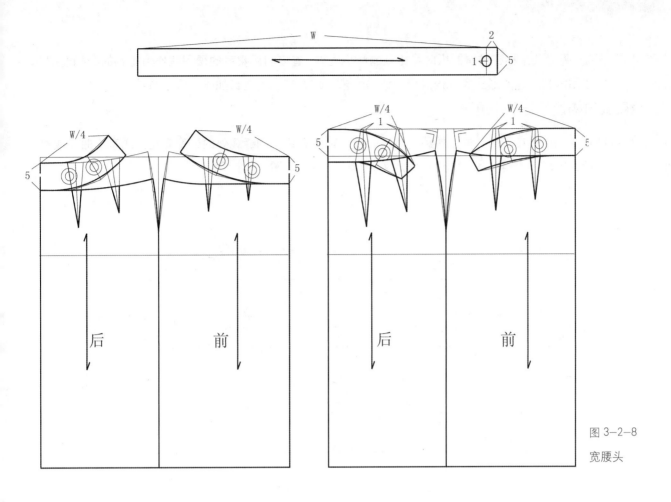

图 3-2-8
宽腰头

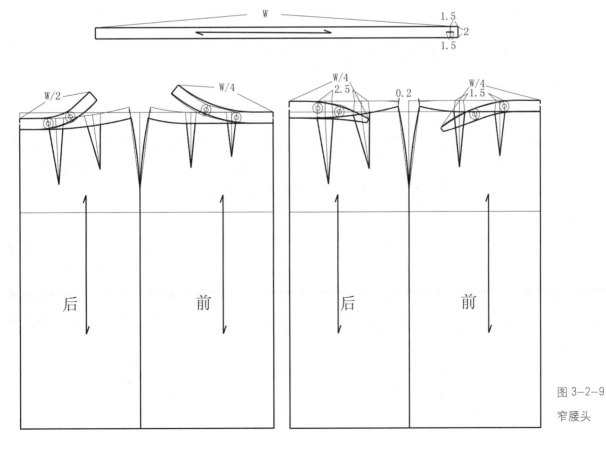

图 3-2-9
窄腰头

（3）无腰头：无腰头是指在结构制板时将裙款的腰头省去，直接利用裙身的腰围线作为裙腰的结构造型，在工艺制作时多用斜料包边的形式完成裙身腰围线的工艺。此处带子可适当加长，便于系结。

三、裙腰头结构设计与变化规律

裙腰头结构变化主要在于腰头的上围线、后中心线、前中心线、侧缝线处的造型变化，或直或曲，或对称或不对称等设计技巧，为裙腰的结构设计增添了无穷的魅力，如图3-2-10。

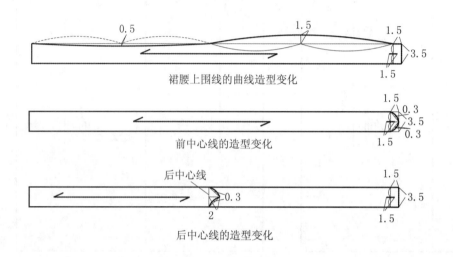

裙腰上围线的曲线造型变化

前中心线的造型变化

后中心线

后中心线的造型变化

图 3-2-10　腰头结构设计与变化

第三节　裙摆结构制板

作为裙长的结束线，裙摆的大小直接影响着人体腿部的活动量，因此在结构设计中不容忽视。裙摆是裙装结构设计中最为灵活的部位，裙摆的结构设计变化远远超过腰、省、衩口的设计。关于裙摆结构设计点，主要在于裙摆线的造型上，或直或弯，或对称或不对称以及装饰物的添加。

一、裙摆的大小变化（图 3-3-1、图 3-3-2）

当裙摆小于筒裙裙摆的结构造型时，称之为窄裙。反之，则被称之为宽松裙。当裙摆小于筒裙时，裙摆的结构线将由原来的直线条变为向上弯曲的造型，来满足与裙侧缝线形成的直角造型，裙摆越小下降的尺寸越多；相反，当裙摆大于筒裙时，裙摆的侧缝线应起翘一定尺寸，实现与侧缝线的直角形式，同样随着裙摆的不断增大，裙摆起翘的尺寸也会随之增加。无论窄摆裙的下降，还是阔摆裙的起翘，其目的只是使裙摆平顺协调呈流畅的直线条造型。

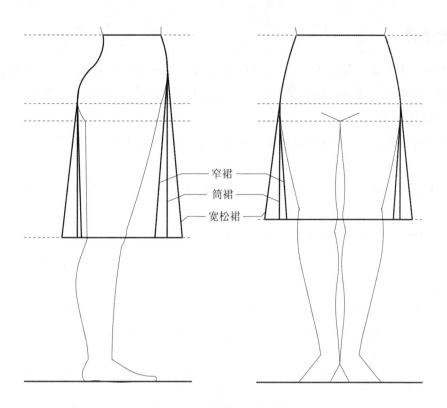

图 3-3-1 裙摆大小示意图

窄裙
筒裙
宽松裙

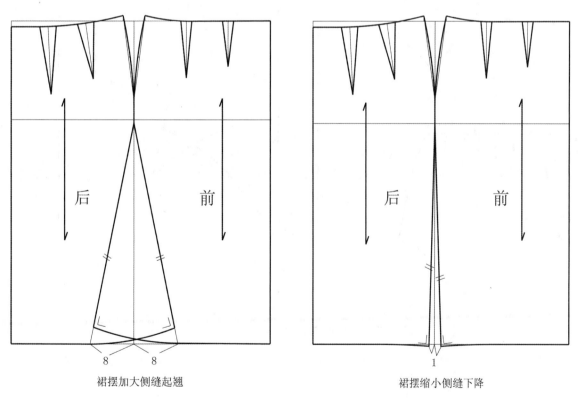

后　前

裙摆加大侧缝起翘

8　8

后　前

裙摆缩小侧缝下降

1

图 3-3-2 裙摆大小制板规律

二、裙摆的造型变化

　　裙摆造型的变化非常丰富，是裙款设计变化的主要部位，在瞬息万变的今天，各种创意性裙装造型越来越受到消费者的认可和喜爱，裙下摆的造型设计也由此变得丰富多彩，或直或曲、或对称或不对称等设计，为裙装的结构设计增色不少。

　　（1）曲线裙摆的结构设计是指裙摆造型呈规则或不规则的曲线造型，其造型的具体形式根据设计要求来完成（图3-3-3）；

　　（2）对称裙摆的结构设计是指整个裙摆的对称性。如前和后，左和右之间在造型、结构上的相同与相似，是日常生活中常见的一种裙摆造型；

　　（3）不对称裙摆的结构设计相对来讲要复杂得多，其不对称形式各种各样，或前后、或左右等等，使整款裙型呈活泼、浪漫的形式风格。制板过程中应以把握裙摆不对称之间存在的审美性与合理性（图3-3-4）。

　　特殊的裙摆结构设计对于侧缝线的要求不再限定于侧缝线与裙摆是否成直角的制板规则，更多的是追求一种审美意义上的形态，它也许有悖于传统，但却走在时尚舞台的前列。

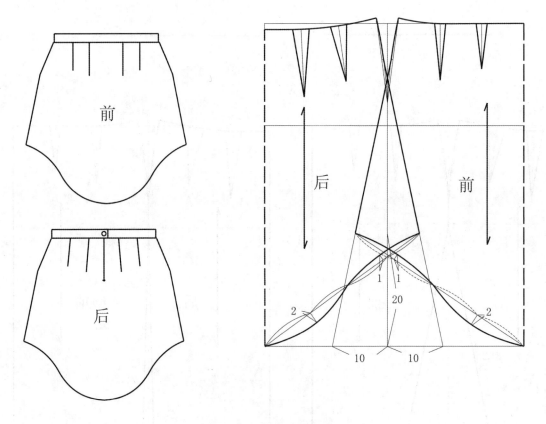

图 3-3-3 曲线裙摆结构制板

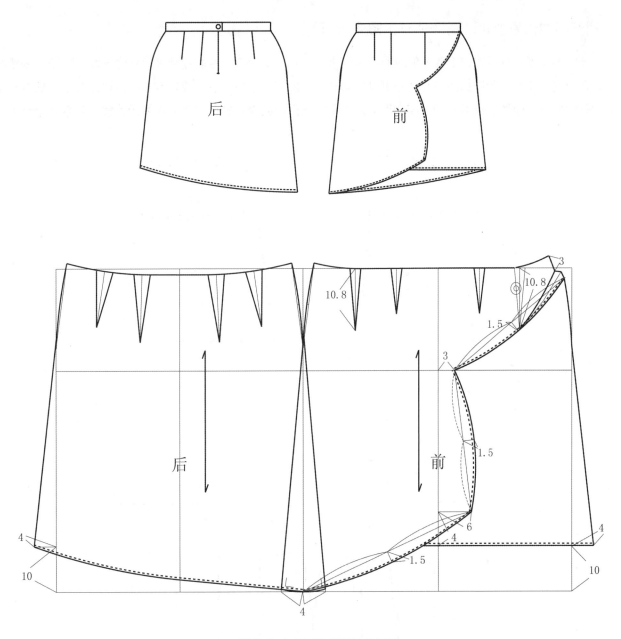

图 3-3-4 不对称裙摆结构制板

第四节 裙开门结构制板

　　裙腰与臀围之间的差以省量的形式使裙型满足了人体凹凸有致的曲线，但也从根本上阻碍了丰满的臀部通过紧收腰口的可能性，为了迎合既美观又实用的裙装形式，裙开门应运而生，它是满足臀围通过腰口的一个门户。服装结构设计的前提是符合人体的功能性，当功能性完善以后，审美性也成为结构设计上的锦上添花，因此裙开门的结构设计也由此变得丰富起来。从其功能性和审美性 2 个方面入手可以发现，裙开门的结构设计要点主要是在位置、长短、造型上的变化。

一、裙开门的位置变化（图3-4-1、图3-4-2）

裙开门的位置千变万化，随着人们对服饰审美求新、求异的要求，服装零部件设计也逐渐由传统向创新发展，裙开门的位置也由传统的后中心线和侧缝处向多方位发展，或前或后，或左或右，或取裙腰线的任意一点作为裙开门的开口位置。在裙开门长度合理的前提下，裙开门结束点的分布可以在如图横线的任意一个点上。

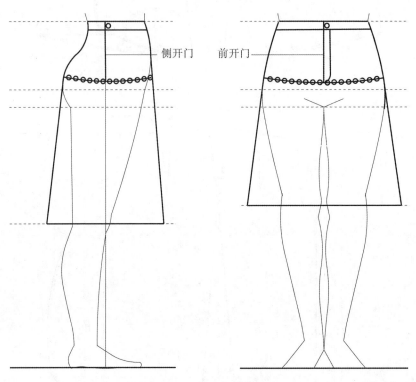

图3-4-1 裙开门示意图

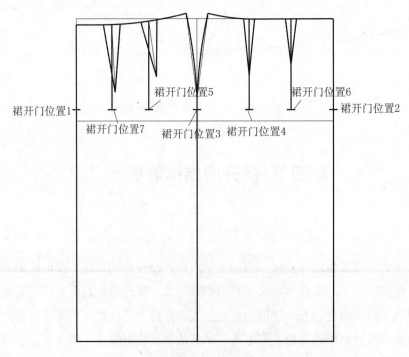

图3-4-2 裙开门位置变化制板

二、裙开门的长短变化（图3-4-3）

　　裙开门的长短是决定裙装款式是否具有合理功能性的因素之一，其中影响最大的是过短的裙开门对臀围围度的影响，为了抛开这一弊端，裙开门的长短程度必须以满足臀围的围度为前提，因此裙开门最短不能短过臀围线以上的弧线。在裙开门的长度设计上并没有确切的规定，因为过长的裙开门并不会对裙装的功能性造成严重的阻碍，它的设定只要把握住其美观程度即可。但当裙开门长到与裙摆相交或穿过裙摆时，裙身打开，则形成一种全新的缠绕式裙型。

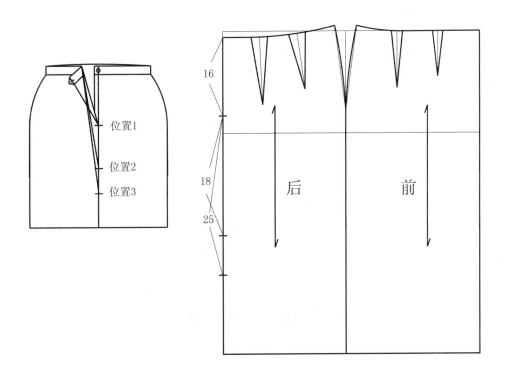

图3-4-3 裙开门长短变化制板

三、裙开门的造型变化（图3-4-4）

　　裙开门的造型实际上就是裙叠门的造型，裙开门的叠门又分为外叠门和内叠门两种形式，外叠门掩住内叠门，其外观造型是设计的重点。内叠门在外叠门以内，对裙开门的外观效果影响不大，因此，造型特点单一，形式上以简洁为主。裙开门的造型设计多以直线条为主，但随着人们审美观念的进一步开放，随之也派生出各种裙开门造型，有斜式、弯曲式、几何图形式等等，丰富了裙款的结构设计。

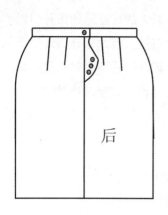

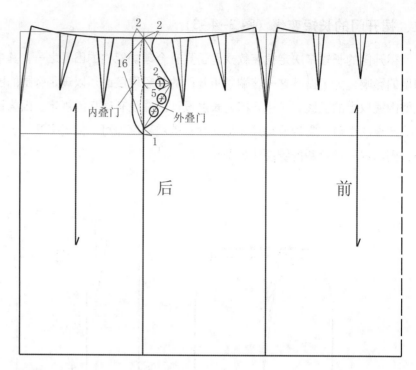

图 3-4-4 裙开门造型变化结构制板

第五节 裙衩口结构制板

裙衩口并不像裙腰、裙摆、裙开门在裙款结构设计中具有必不可少的地位，它在一定程度上起到对某种款式功能性的调节作用。如紧身裙，若没有衩口的调节与帮助，裙摆将阻碍其功能性，使其结构成为不合理裙款造型。但当裙款为阔摆裙时，衩口便成了可有可无的装饰细节。有时裙开门会与裙衩口重合为一条结构线，使其具有双向功能。衩口的结构设计点主要在于衩口的高低、位置、造型三个方面。

一、裙衩口的高低变化（图 3-5-1）

对于较长的紧身裙，衩口的高低直接决定着其功能性。衩口需在髌骨线以上 3～5cm，即可满足人体下肢的正常活动，衩口的高度可随设计要求而上升，一般情况下衩口最好不要超过臀围线以下 10cm 处。由此可见窄裙的衩口上限以臀围线以下 10cm、下限则在髌骨线以上 3～5cm 为最佳。当然针对阔摆的裙型，衩口的功能性消失，只作为装饰性的衩口，此时只有高度的制约，而没有最小的限制。

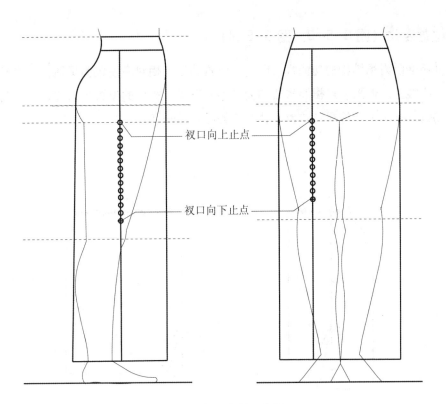

图 3-5-1 衩口高低示意图

衩口向上止点

衩口向下止点

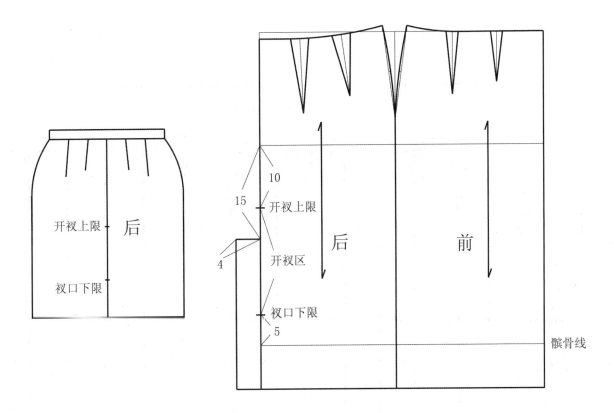

图 3-5-2 衩口高低结构制板

开衩上限

后

衩口下限

10

15

开衩上限

4

开衩区

后

前

衩口下限

5

髋骨线

二、裙衩口的位置变化（图 3-5-3、图 3-5-4）

　　衩口的位置并不会阻碍裙结构的功能性，因此，位置的设计相对来说较为灵活，一般情况下裙的衩口多在两侧和前、后中心线上。但随着对裙装款式的要求不断升级，衩口的位置也日趋灵活，为了在平凡的裙型中寻找突破，不妨选择一个另类的衩口位置，让整个裙款焕然一新。

腰围线上的每一个点都可以成为衩口线的位置

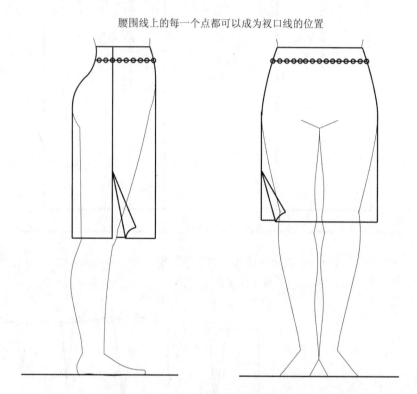

图 3-5-3　衩口位置示意图

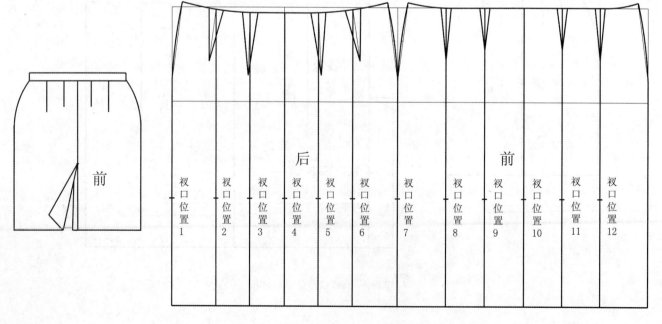

图 3-5-4　衩口位置结构变化规律

三、裙衩口的造型变化（图3-5-5）

衩口的造型和裙开口的造型结构设计原理相同，都是由内叠门和外叠门两部分组成，内叠门造型相对单一，外叠门根据裙型的设计不同而发生变化，是裙子设计的一个亮点，同时，内外叠门的造型针对裙装结构的功能性不会有太大的妨碍，因此在不造成过分复杂的工艺制作的前提下，裙衩口形式是多样的。其特殊的造型，无非是为妖娆的裙型锦上添花。传统的衩口造型多见于便于工艺的直线条，但如果设计需要斜线、曲线以及不规则线条作为衩口，都会给整个裙款带来活力。

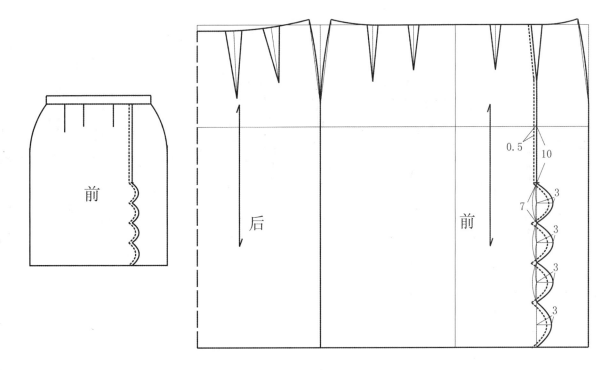

图3-5-5 衩口造型的结构制板

第六节 裙侧缝线结构制板

侧缝线既是前后裙片的分水岭，又是体现人体造型的结构线，因此与腰头相连接的前后侧缝线均上升0.5～1.5cm来满足胯部的突起，胯部突起越大，起翘越大。裙侧缝线的结构设计主要有位置、造型和长短上的变化，但有时也会出现无侧缝线的裙装结构设计，这个具有前后片标志性的结构线在有些裙款中真的没有了吗？其实不然，它只是以省量的形式代替了前后片的拼接线。

一、裙侧缝线的位置变化

侧缝线的位置在很多资料书上都有不同的讲解，主要是前后腰围、臀围的宽度设定上，刘瑞璞老师讲解的英式裙子基本纸样的后臀围线宽度增加1.5cm，后腰围长度大于前腰围长度2cm；美式裙子基本纸样的后臀围线宽度增加1.3cm，后腰围长度大于前腰围长度1.9cm；而第三代裙子标准基本纸样却是前后的臀围线等长，前后腰围等长。陈明艳老师则认为前臀围线应增加1cm，后腰围长度小于前腰围长度2cm。究其目的，无非使裙侧缝线更接近于人体侧面的正中，外观上更加美观、均衡。但本人认为作为侧缝线的作用，有其功能性的一面，同时也有审美性的一面，如果只局限于侧缝线的具体位置，也许会闭塞裙装结构设计的思路，打破传统界限的约束，会使设计走得更远。

（一）侧缝线前移（图3-6-1）

侧缝线可根据具体款式要求向前平移，平移的位置与裙款的设计需求相符合。形成视觉上的侧缝线前移，但侧缝线处的余量，以省量的形式在原侧缝线处减掉。

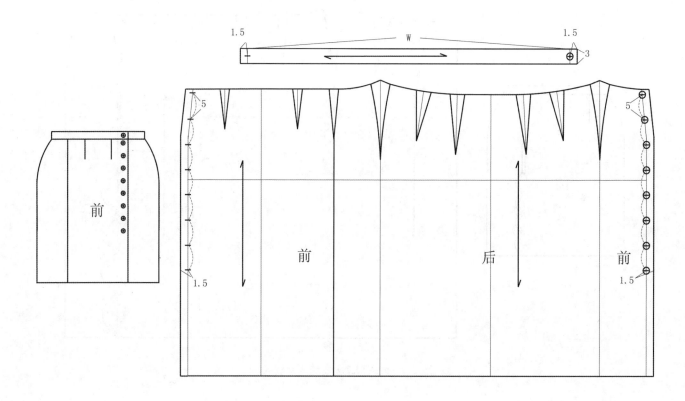

图 3-6-1 侧缝线前移结构制板

（二）侧缝线后移（图3-6-2）

与侧缝线前移的制板方式相同，在将侧缝线平移向后的同时，把侧缝线应有的余量以省量的形式减掉。

二、裙侧缝线的长短变化

传统的裙装侧缝线与裙身呈流畅的弧线形，视觉上具有等长的效果，因此，侧缝线与裙摆的衔接点往往选择直角的造型。突破传统长度的侧缝线会出现与裙摆成钝角的短侧缝线形式和与裙摆呈锐角的过长侧缝线形式。当然也不排除工艺上侧缝线造型上的变化与革新。

（1）短侧缝线见图3-6-3。

（2）长侧缝线见图3-6-4。

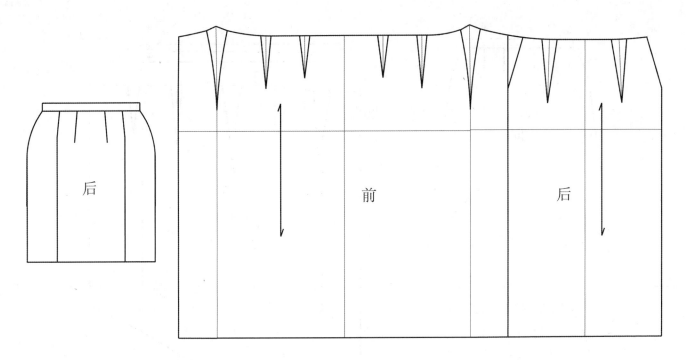

图 3-6-2 侧缝线后移结构制板

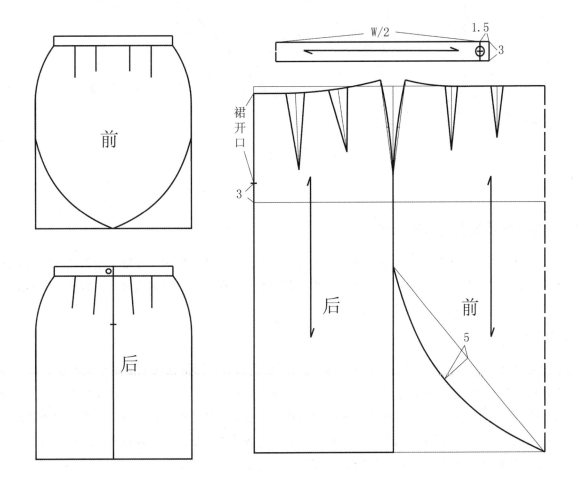

图 3-6-3 短侧缝线结构制板

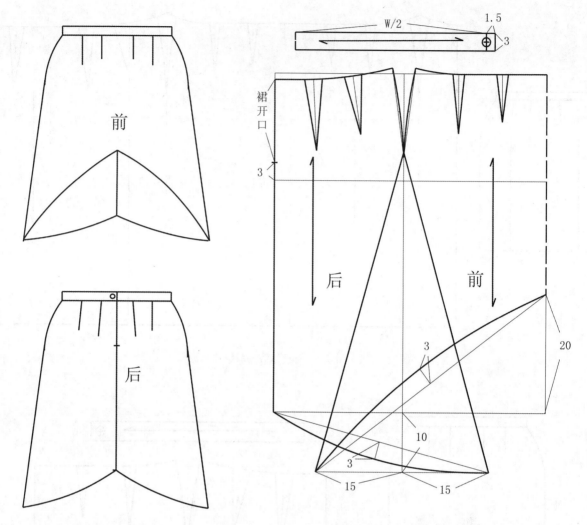

图 3-6-4 长侧缝线结构制板

三、裙侧缝线的造型变化（图 3-6-5）

　　侧缝线的造型因不受裙款功能性的限制而变化万千，但由于工艺上的运作难度，裙侧缝线的造型往往采用传统的直线条，但为了达到某种特殊效果，曲线、不对称、菱形等多样裙侧缝线结构制板也竞相出现，为裙款的设计又开辟了一条亮丽的风景线。

四、无侧缝线

　　无侧缝线的裙款结构设计并不仅仅局限于侧缝线的前后移动，而是在视觉上整个裙款没有侧缝线的存在，它也许只存在一个相互交叠的前开门或侧开门，与侧缝线前后平移的结构设计理论相同，它只是把前后裙片纸样对接，将侧缝线隐于面料当中，并以省量的形式将侧缝线处的多余量缝合掉，或将此省量转移到裙摆当中，形成视觉中无省的效果。有时会将这种无侧缝线的裙款造型称之为一片裙或缠裹裙。

　　（1）以省量形式存在的无侧缝线结构制板见图 3-6-6。

　　（2）省量转移到裙摆的无侧缝线结构制板见图 3-6-7。

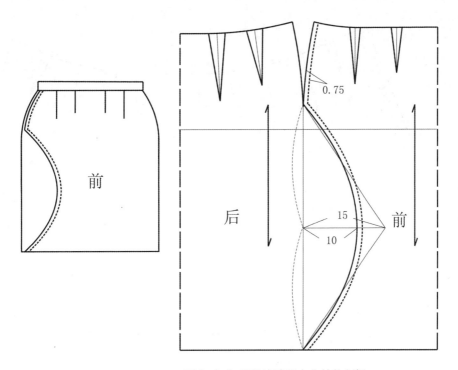

图 3-6-5 侧缝线造型变化结构制板

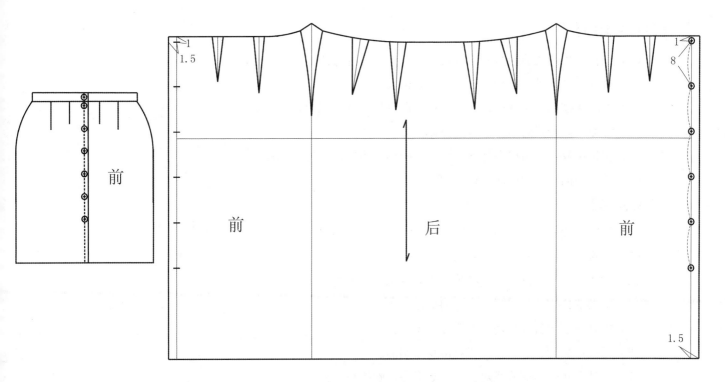

图 3-6-6 以省量形式存在的无侧缝线结构制板

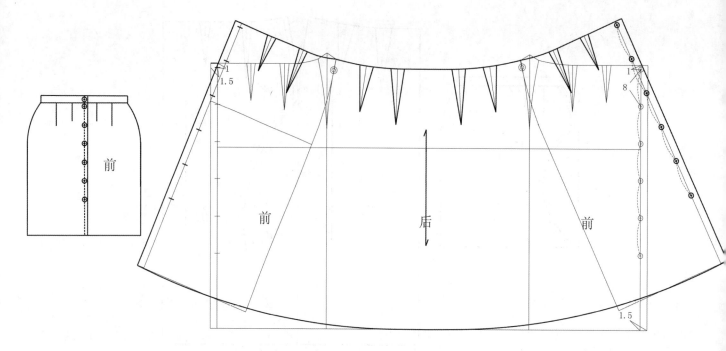

图 3-6-7 省量转移到裙摆的无侧缝线结构制板

【课后练习题】

（1）进行各种形式的裙腰省的练习，着重练习各种形式的省量转移。

（2）有针对性地进行各种形式的裙腰结构设计。

（3）理解裙摆的变化规律，并作各种裙摆变化的纸样练习。

（4）练习不同形式的裙开门结构设计。

（5）根据裙衩口的结构设计规律进行不同形式的裙衩口结构制板。

（6）练习不同形式的裙侧缝线结构制板。

【课后思考】

（1）裙腰省的多少、大小、长短、造型等变化规律的思考。

（2）裙腰省转移形式与变化的思考。

（3）裙腰宽、窄、位置、造型等形式的变化规律思考。

（4）裙摆变化规律与实际运用之间衔接的思考。

（5）裙开门变化特点与功能性衔接的思考。

（6）裙衩口高度、造型、位置对裙身影响的思考。

（7）各种形式的裙侧缝线对裙身外观形态影响的思考。

（8）如何将裙装的各个部件在审美原则的指导下进行合理地穿插、使用的思考。

第四章 裙身结构制板

【学习内容】

(1) 裙身廓型的结构设计原理与方法。

(2) 裙身点、线、面、体的结构设计原理与方法。

(3) 裙身点、线、面、体相结合的结构设计原理与方法。

【学习重点】

(1) 理解并掌握不同裙身廓型结构设计的原理与方法。

(2) 掌握点、线、面、体在裙身中的作用及现实意义。

(3) 点、线、面、体相互之间的关系，四者在裙身结构设计中穿插使用的原理与方法。

【学习难点】

(1) 对裙身廓型的认识与掌握。

(2) 不同裙身廓型结构设计要点与变化规律。

(3) 点、线、面、体在裙身中的结构制板与表现形式。

(4) 不同形式的点、线、面、体在裙身中的运用技巧与变化规律。

(5) 不同形式的点、线、面、体之间的相互关系以及四者之间穿插使用的结构原理与方法。

作为裙款主体，裙身在裙款结构设计中有着举足轻重的地位，它决定着裙子的整体造型和风格。裙身设计一般分为整体结构设计和局部结构设计两大部分，整体设计主要是指裙身的廓型结构设计；局部结构设计主要是指裙身的点、线、面、体的结构设计与运用。

第一节 裙身廓型结构制板

裙的廓型结构设计是指裙子的外部轮廓型状，它由裙腰、裙身、裙摆三部分组成，其中裙身的结构设计对裙子的廓型起着关键性作用。它是以人体下肢造型为依托，并以满足正常的人体活动为目的的裙装造型上的结构设计与制板。

裙身廓型结构设计可以从裙款的基本形态和外部造型两大方面来论述。按其基本形态分为四类裙型：长裙、短裙、阔裙、窄裙。外部造型分为 H 型裙、A 型裙、O 型裙、T 型裙、X 型裙、90°裙、180°裙、360°裙等。运用归类法发现，H 裙属于筒裙的一种，相似于窄裙和一步裙，而 O 型、90°裙、180°裙、360°裙则应归于阔裙一类。而 T 型裙、X 型裙正是基本裙型之间拓展组合下的产物，另还有具有物化形态的裙装造型，如整个裙身加肥的蓬蓬裙（加裙撑），臀、腹加肥而下摆收口的气泡型裙款，腰部和下摆收紧而中间鼓起的郁金香型裙，腰部、臀部收起而在胯部蓬起并逐渐收于裙摆的酒瓶型裙等等，都是裙身结构设计变化的杰作。

一、H型裙结构制板（图4-1-1）

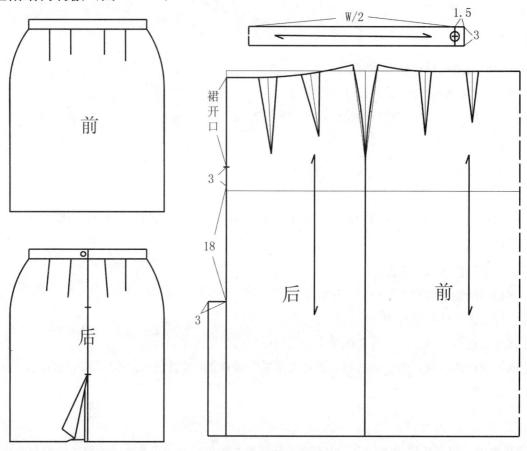

图4-1-1 H型裙结构制板

（一）裙型分析

H型裙又称为筒裙，其结构特点较为紧身合体，裙长长短不一，裙摆不扩也不收，整体造型呈筒状，若裙长超过髌骨线应加衩口。

（二）所需尺寸（表4-1-1）

表4-1-1 H型裙制板所需尺寸　　　　　　　　　　　　　　　　　　　　　　　单位：cm

号型	部位名称	臀围(H)	腰围（W）	臀长（HL）	裙长（L）	腰头宽
160/66A	人体净尺寸	94	66	18	60	3
	成衣尺寸	98	68	18	60	3

（三）制板方法

由于 H 型裙属于较合体的筒形裙，它的贴体性具有裙原型的基本特点，但某些关键细节又拥有更多的适体与功能性，因此，在制板过程中，应将裙原型作适当调整。调整如下：

（1）以裙原型为基样。

（2）加开口，长度在臀围线以上 3cm 左右，位置根据设计来确定，这里选用后中心线作为裙开口的位置。

（3）加衩口，臀围线以下 18cm 作为裙衩口的止点，并在此点作 3～4cm 衩口里襟，垂直于后中心线。位置根据设计来确定，这里选用后中心线作为衩口的位置，因此后中心线有拼接线的存在。

（4）裙摆线，由于其形状如筒，因此裙摆处不扩、不收，与原型裙相吻合，可不加改动。

（5）腰头取腰围成衣尺寸，长度加 1.5～2cm 的搭门量，腰头宽 3cm，利用后中线的拼接线为裙的开口点。

二、一步裙结构制板（图 4-1-2）

（一）裙型分析

一步裙又称紧身裙和窄裙，其结构特点为紧身合体，裙长长短不一，只是裙摆向里微收，整体造型呈微 T 型，在裙后中心线上加衩口。

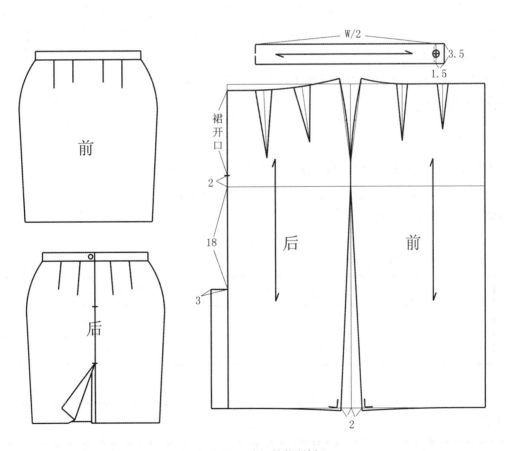

图 4-1-2 一步裙结构制板

（二）所需尺寸（表4-1-2）

表4-1-2 一步裙制板所需尺寸 单位：cm

号型	部位名称	臀围(H)	腰围（W）	臀长（HL）	裙长（L）	腰头宽
160/66A	人体净尺寸	94	66	18	60	3.5
	成衣尺寸	98	66	18	60	3.5

（三）制板方法

一步裙与H型裙都属于常见的裙型，都有紧身合体的结构特点，唯一的不同处是下摆的造型，H型裙下摆不收呈筒形，而一步裙则下摆收缩，因此，其结构制板与H型裙有异曲同工之处，在这里只把裙摆的处理做重点讲解。

（1）以裙摆辅助线与前后侧缝线的交点为基点向里各进0.5～2cm，裙摆所收尺寸与裙长有关，裙越长，所收尺寸越少。

（2）延长前后侧缝线一定尺寸，延长的尺寸与向内撇进的尺寸有关，一般情况下，撇进越大，延长越多。

（3）前后侧缝线延长0.5～1cm，同时作此线段的垂直线。曲线与裙摆辅助线相切，侧缝线延长得越多，相切的点越靠近前后中心线。

（4）由于裙摆缩小，需加衩口弥补裙摆对人体活动量的束缚。

三、A型裙结构制板

（一）裙型分析

A型裙下摆放松呈喇叭状，但因放松量较小，又称之为小喇叭裙。由于裙摆的打开，增加了裙装下体的活动量，因此无需裙衩口的添加，但衩口也可作为装饰体现在裙款上。

（二）所需尺寸（表4-1-3）

表4-1-3 A型裙制板所需尺寸 单位：cm

号型	部位名称	臀围(H)	腰围（W）	臀长（HL）	裙长（L）	腰头宽
160/66A	人体净尺寸	94	66	18	60	3
	成衣尺寸	98	68	18	60	3

（三）制板方法

按A型裙结构特点可分为两片A型裙和多片A型裙。两片A型裙又分为腰臀合体和不合体两种类型；多片A型裙对于裙的片数并没有太大限制。

（一）两片A型裙

将裙摆增加的量合理地放在侧缝线处，量不应过大，过大侧缝线会出现不必要的波浪形褶量，形成与裙摆不同的形态，影响裙装的整体效果。

1. 腰臀合体的 A 型裙（图 4-1-3）

由于腰臀的合体性，确定了其上半部分制板方法与紧身裙的共性，其结构设计难点主要在扩摆量打开的位置、大小和裙摆造型。

（1）裙摆打开的位置变化。将臀围线作为裙摆打开的最高基点，髌骨线向上 5cm 处为最低基点与扩摆直线连接，此处的基点可根据裙款的要求进行确定，如下降至髌骨线附近，下摆再打开，使其具有鱼尾裙的某些结构特点。

（2）扩摆量的大小。侧缝线处所打开的放松量应有一定的尺寸限制，一般情况下，裙长越长，打开的量相对越大，但若过大时会造成裙摆余量在侧缝线的堆积，影响视觉效果。

（3）裙摆造型。在修正好的两片 A 型裙的扩摆处起翘，起翘的尺寸与扩摆的大小有关，扩摆越大，起翘越大，反之则越小。

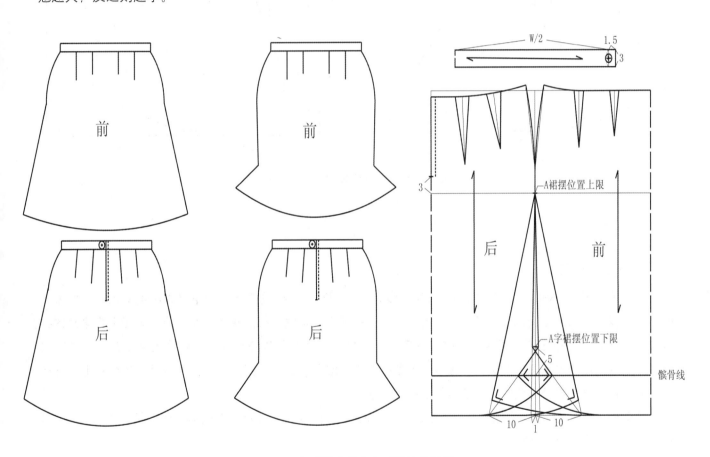

图 4-1-3 腰臀合体的 A 型裙结构制板

2. 臀部不合体的 A 型裙（图 4-1-4）

臀围放松的两片 A 型裙，更符合小喇叭裙的造型特点，下摆打开的结束点可直接与腰围直线连接，但连接时以不能减少臀围的尺寸量为限。因此，与腰、臀合体的 A 型裙相比，其扩摆量要相对大一些。

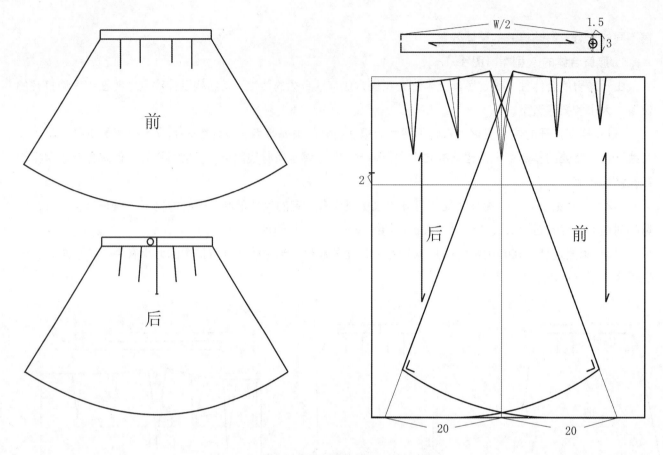

图 4-1-4 臀围不合体的 A 型结构制板

（二）多片 A 型裙

　　多片 A 型裙与两片 A 型裙制板相同，结构设计规律相同，同样具有阔摆结束点的位置变化、扩摆量的大小确定以及裙摆造型变化三个特点。不同之处在于裙省上结构线与裙摆量的分配。两片裙无贯穿裙身的结构线，裙摆量的大小主要在裙摆中加放；而多片 A 型裙裙身上有与省量相通的结构线贯穿裙身，结构线的多少与裙身确定的省量多少有关，省量多，A 型裙的片数增多，反之，则片数减少。裙摆量被裙身上的结构线平分消化，裙摆打开形成的波浪纹理优于两片 A 型裙造型。

　　从造型上看，多片 A 型字裙与两片 A 型裙在造型设计上是相同的，主要分为臀、腹合体的形式（图 4-1-5）和臀、腹宽松两种结构形式（图 4-1-6）。

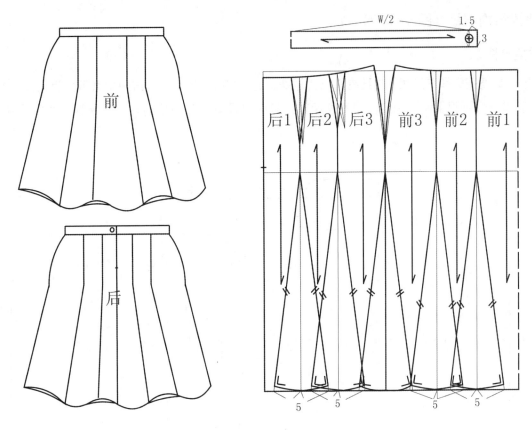

图 4-1-5 臀腹合体的多片 A 型裙结构制板

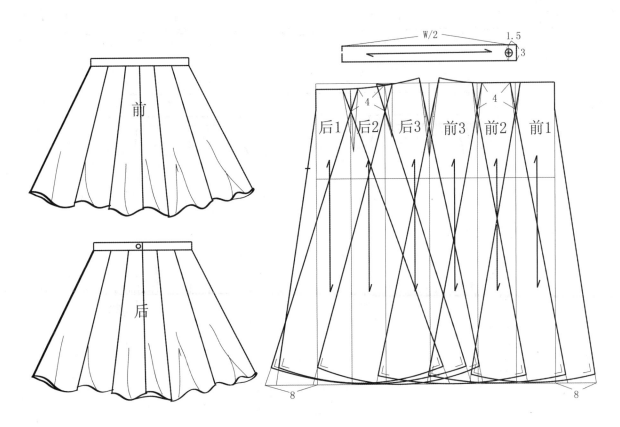

图 4-1-6 臀腹不合体的多片 A 型裙结构制板

四、O 型裙结构制板（图 4-1-7）

（一）裙型分析

　　O 型裙又称蓬蓬裙和泡泡裙，其结构特点为裙身蓬起，裙摆收紧。按其结构特点可分为无褶和有褶两种。裙身的大小和长短可根据设计来定。裙身蓬起较大且面料轻薄的 O 型裙则采用裙撑的形式完成整个裙款的廓型设计。

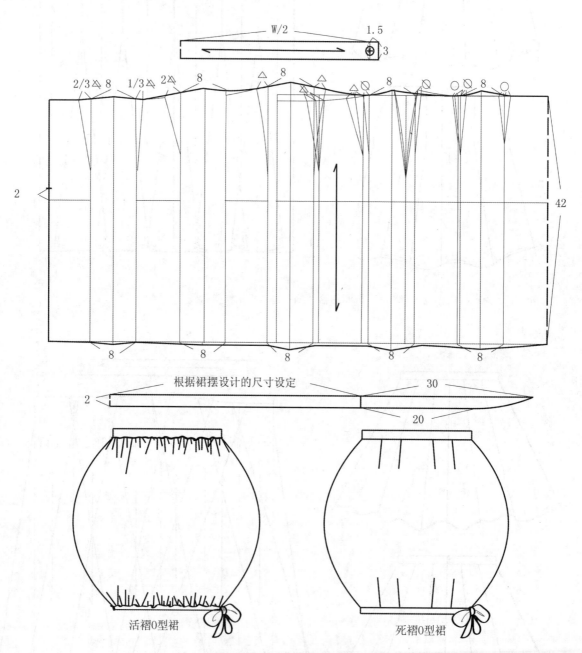

图 4-1-7　O 型裙结构制板

（二）所需尺寸（表4-1-4）

表4-1-4 O型裙制板所需尺寸   单位：cm

号型	部位名称	臀围(H)	腰围（W）	臀长（HL）	裙长（L）	腰头宽
160/66A	人体净尺寸	94	66	18	50	3.5
	成衣尺寸	134	68	18	50	3.5

（三）制板方法

O型裙的结构造型按其施褶形式有活褶和死褶之分，其造型通过大量的褶量来达到整体裙装的蓬起效果。

1. 活褶O型裙

在裙原型的基础上，将腰围和裙摆线按有褶O型裙的结构设计要求打开，褶量的大小、多少、长短根据设计需要来确定，在这些褶量里包含了前后片的省份的量。将裙腰与下摆多余的量以自由褶的形式收起。有时可根据需要，裙身中部适当添加裙撑。

2. 死褶O型裙

活褶O型裙和死褶O型裙的结构制板相同，其外观上的不同主要取决于工艺制作上的差别，死褶O型裙是将裙腰和下摆的多余量以省道的形式收起，省道可是隐形的，也可将其暴露在裙身之外，成为O型裙的装饰线条。

五、T型裙结构制板

（一）裙型分析

T型裙在裙装设计中较为特殊，并不是常见的裙型，其结构特点为裙身上半部分宽松，并有一定的硬挺度，裙身的下半部分则为合体的紧身裙造型，由于下半部分的紧身造型决定了裙型需要衩口帮助完成裙身的功能性作用，整体造型呈夸张的T型。

（二）所需尺寸（表4-1-5）

表4-1-5 T型裙制板所需尺寸   单位：cm

号型	部位名称	臀围(H)	腰围（W）	臀长（HL）	裙长（L）	腰头宽
160/66A	人体净尺寸	94	66	18	60	3
	成衣尺寸	134	68	18	60	3

（三）制板方法

T型裙的结构设计主要在于宽松部位的位置、大小、造型。位置的高低、宽松量的大小以及其造型的形式由裙款的设计决定。

（1）位置。取臀围线（推荐数据）作为放松部位的基点。

（2）造型。以放松部位的位置为基点，向侧缝线处放量10cm，与腰围胖式1cm画顺；臀围线处下降15cm，与臀围胖式连接；下摆处收2cm，使裙摆略收，增强裙款的T型效果；同时取衩口，增加裙装的活动量。

（3）后裙片的制板方式同于前片，在此不再赘述。重新修正纸样，并将裙衩口确定于侧缝线处，由此T型裙制板完成（图4-1-8）。

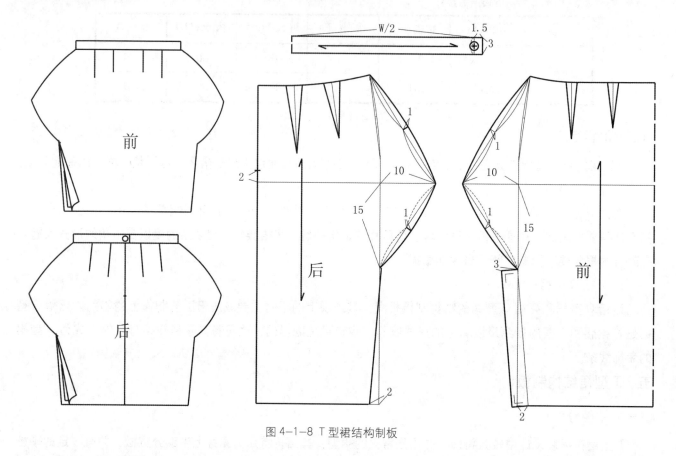

图4-1-8　T型裙结构制板

六、角度裙结构制板

角度裙外形特点是裙腰合体，臀围放松，裙摆因满足角度的需要而扩大，从而形成规则均匀的波浪形裙摆。角度大小的不同，决定了裙摆的大小、波浪的多少以及裙身竖向结构线的多少。通常情况下，角度越大，裙摆越大，均匀的波浪造型越多，而结构线越少。反之则裙摆越小，波浪造型越少，结构线增加。如360°裙则没有竖向结构线的存在。当然也可以根据裙型设计的需要添加各种数量、形态的竖向装饰线，但这些裙身上的线段与角度裙的结构设计无关。

按角度分，角度裙主要有90°、180°和360°裙三种形式。制板方式有纸样切展法和半径计算法两种。纸样切展法是通过将腰围宽与裙长组成的长方形纸样进行剪切，并均匀地将其摆放在设定好的角度上，来完成角度裙的制板，这种制板方式有一定的原理性，易于掌握和理解，但实际操作较为麻烦。半径计算法主要是指采用圆周长的计算方法来计算裙子腰围，而后通过半径求出裙摆大小的一种制板方法。常见的角度裙有两片斜裙、四片喇叭裙和太阳裙。

（一）90°裙结构制板绘制

1. 裙型分析

90°裙是根据裙型制板时辅助线所呈的角度，其结构特点为裙摆最大化，裙省因臀围与腹围的增加而趋于消失，成衣腰围长度不变，裙片有侧缝线和前后中心线。一般为两片裙或四片裙结构形式。

2. 所需尺寸（表4-1-6）

表 4-1-6 90° 裙制板所需尺寸　　　　　　　　　　　　　　　　　　　　　单位：cm

号型	部位名称	臀围(H)	腰围（W）	臀长（HL）	裙长（L）	腰头宽
160/66A	人体净尺寸	94	66	18	60	3
	成衣尺寸	／	68	18	60	3

3. 制板方法

（1）纸样切展法（图 4-1-9）：这种方法的运用有助于初学者对 90° 裙结构制板的理解与认识。把宽为 W/2 和长为裙长的长方形纸样竖直分割成若干等份，分割越多，变化中所形成的腰围曲线越圆顺、精确，裙摆的波浪造型越均匀。画 90° 角，将剪开的纸样在裙摆部均匀打开，腰围处无打开余量。前后中心线分别与 90° 角的两条直线相重合，同时将后中心线下降 1 ~ 1.5cm。

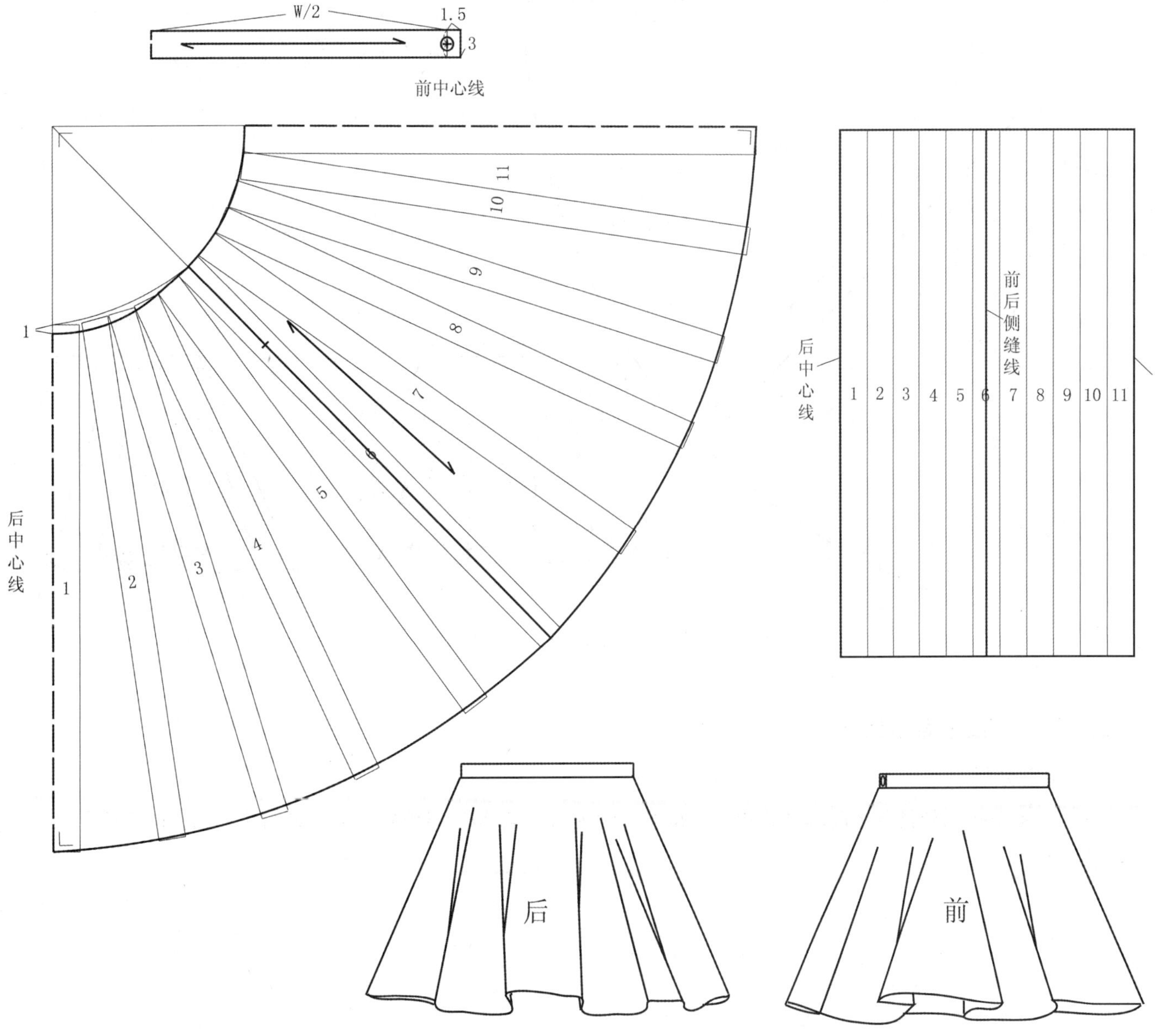

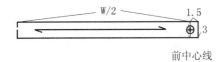

图 4-1-9 90° 裙切展法结构制板

（2）半径计算法（图4-1-10）：这是一种利用求圆弧的半径数学公式来完成的制板方法。

①确定腰围半径求裙腰围线的弧长和弧度。圆半径＝周长／2π，2π为定量，那么90°裙腰弧线长的半径即为 W/2π=W/6.28，以此公式所得到的半径作圆，并交于圆心作十字线，该线所分割的圆弧／4就是90°裙的 W／4 的长度。

②确定裙长。以中心点为基点，至裙长为半径画圆，为裙摆造型。

③前后中心线、前后侧缝线分别与裙摆垂直曲线画顺。

④后中心线根据人体造型下降0.5～1.5cm，取得裙摆成型后的水平状态。

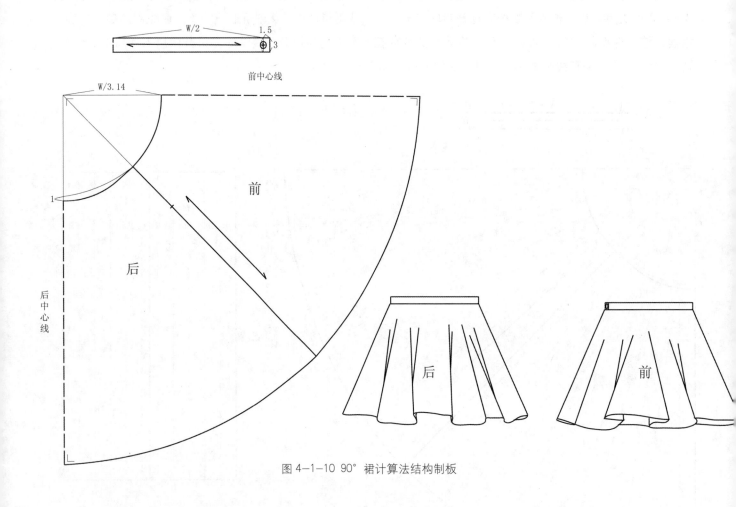

图4-1-10 90°裙计算法结构制板

（二）180°裙结构制板绘制

1. 裙型分析

180°裙是根据裙型制板时辅助线所呈的角度，制板方法与90°裙相同，是常见的两片裙、四片裙和六片裙结构。

2. 所需尺寸（表 4-1-7）

表 4-1-7 180°裙制板所需尺寸   单位：cm

号型	部位名称	臀围(H)	腰围（W）	臀长（HL）	裙长（L）	腰头宽
160/66A	人体净尺寸	94	66	18	60	3
	成衣尺寸	/	68	18	60	3

3. 制板方法

制板方法同于 90°裙。方式上有纸样切展法（图 4-1-11）和尺寸计算法（图 4-1-12）。

（1）180°裙纸样切展法同于 90°纸样剪切法。

（2）180°裙计算法。

①腰围长度：W/3 为半径画圆，180°的半圆，长度为 180°的腰围长度。

②裙长：取所需裙长，并以中心点为基点作裙长的圆弧，交于 180°的直线上，为裙摆弧线。

③后中心线：选取后中心线下降 1 ～ 1.5cm。

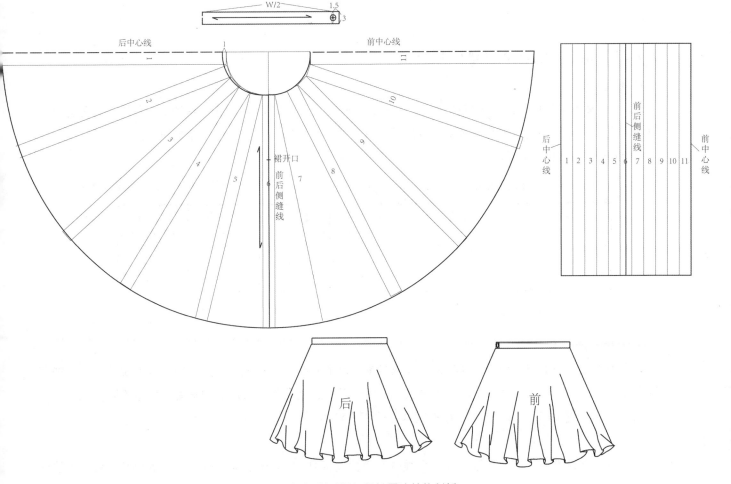

图 4-1-11 180°裙切展法结构制板

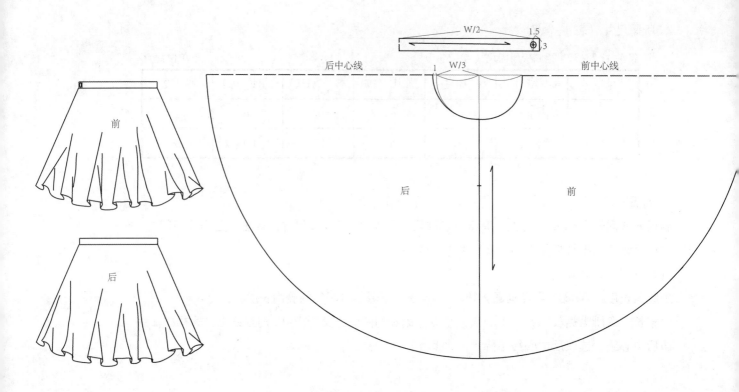

图 4-1-12 180°裙计算法结构制板

（三）360°裙结构制板绘制（图 4-1-13）

1. 裙型分析

360°裙又称整圆裙，是一种特殊裙型，它既无侧缝线，又无前后中心线。裙型设计主要在裙摆边缘的造型，下摆或圆或不规则，当然也可根据设计要求进行装饰线的剪切，形成多片裙的效果。

2. 所需尺寸（表 4-1-8）

表 4-1-8 360°裙制板所需尺寸　　　　　　　　　　　　　　　　　　　单位：cm

号型	部位名称	臀围(H)	腰围（W）	臀长（HL）	裙长（L）	腰头宽
160/66A	人体净尺寸	94	66	18	50	3.5
	成衣尺寸	／	68	18	50	3.5

3. 制板方法

取正方形或圆形面料一块，在面料的中间取腰围长度的圆圈，根据设计确定后中心线的位置，同时将其下降 0.5 ~ 1.5cm，满足裙摆成型后的水平状态。由于卜摆造型的不同所产生的裙型效果也不同。

（1）360°裙纸样切展法与 90°裙相同，在此不再赘述。

（2）360°裙计算法。

① 360°裙的腰围：画十字线，以十字线的交点为基点作 W/6 长度为半径画圆，此圆为 360°裙的腰围长度。

②裙长：从腰围处向下取裙长，以十字线的交点为基点，裙长为半径画圆，完成360°裙裙摆弧线。

③后中心线：下降1~1.5cm。

360°裙处于经、纬、斜三种现象的纱向，由于三种不同纱向易造成悬垂性的不同，从而产生裙摆下摆的不水平状态，因此在制作此类裙装时，需将面料相应地悬垂10小时以后，再沿最短处将裙摆修顺，完成裙摆视觉上的平滑与整齐。

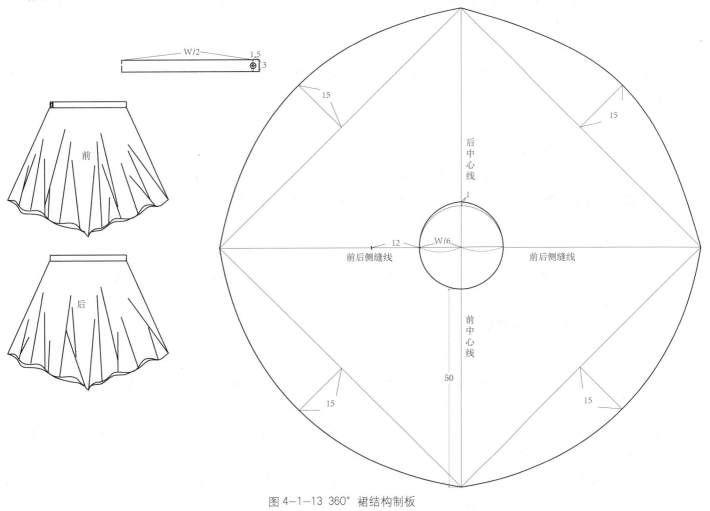

图4-1-13 360°裙结构制板

第二节 点、线、面、体在裙身中的结构制板

点、线、面、体是服装的四大造型要素，它以不同的形式语言表达着各自的结构特征，在排列组合中产生各异的服装造型，被称为服装造型设计的基本结构设计要素。裙身作为裙款中的主体，是创新性结构设计的重点，同时也是点、线、面、体主要体现的部位。但裙款中的点、线、面、体异于数学概念中的点、线、面、体，数学中的点、线、面、体是抽象的、理性的，而裙款中的点、线、面、体是具象的，立体的，它不仅有大小、厚薄、宽窄、长短之分，还有色彩、质感、造型等方面的差别，本章主要讲解了点、线、面、体在裙身中的结构设计制板原理与方法。

一、点在裙身中的表现形式

在裙身结构设计中的点不同于一般意义上的无方向、只表示位置的点的形式，它存在于三维空间中，具有大小、多少、形状、色彩、质感等结构特征。它以简洁、活泼的形式活跃在裙身的结构设计中。从形态上分，点可以分为具象点和抽象点。具象点是以点的造型特征体现其形式语言，这种点的形式可以是平面的也可以是立体的，如钮扣；抽象点在外部造型上也许并非实际上的圆点，但却具有意义上点的形式，如在裙身结构中的面料二次处理所形成的抽象的点。

具象点和抽象点的存在在一定程度上是裙型设计的一部分，服务于整体的裙型结构，并以不同的装饰手法和设计技巧点缀于裙的结构设计中，在某种程度上具有一定的装饰性作用。因此，其结构设计存在于不同裙型对审美的要求，不具有独立的结构设计特点。本节将着重讲点的设计规则与技巧。

（一）具象点

裙身结构设计中的具象点多以钮扣的形式出现，具象点的设置原则可分为装饰性点和功能性点。装饰性点的结构设计可根据形式美法则来确定点的审美性，它主要采用位置的变更、量的多少、造型的不同进行设计；功能性具象点的结构设计与装饰点所采用的量的多少、造型上的变化相同，但在位置的设计上要求更为严谨，其主要是在裙身的开口位置，起到固定开口的功能性作用。

（二）抽象点

抽象点在裙身中的结构设计并非以具体点的形式出现，如局部镂空、抽丝、褶皱等设计手段都属于抽象点的形式。

二、线在裙身中的结构制板

在服装结构中线的意义不同于几何中线的定义，几何学上的线是点移动留下的轨迹，它有长度、方向、位置的变化，而服装结构设计中的线是三维空间意义中的线，它不但具有长度、方向、位置的变化，而且还拥有宽度、厚度、面积、质感、色彩、造型上的变化，是三维意义上立体的线。在裙身结构设计中，线通过组合、穿插等形式的运用，使其具有了生命与活力，为裙装结构打开了广阔的设计空间。结构中线的表现形式主要分结构线和装饰线两大类。

（一）结构线

结构线即是功能性线，以人体的形体特征为前提，同时满足人体活动量的基本功能为目的，使穿着者舒适、美观、方便，同时也是体现人体造型的线。因此这种结构线的设计不仅具有美观性、目的性而且具有很强的功能性。

结构线按其形式可分为横向结构线和竖向结构线。横向结构线多以省尖结束点为设计基点进行各种形式的结构造型设计；竖向结构线制板方式与横向结构线相同，只是在位置上由原来的横向转为竖向形式。无论是横向还是竖向结构线，其结构设计的原则以整体裙装余缺处理在横向线和竖向线分割达到结构上的统一与协调为目的。

1. 横向结构线

横线以腹围和臀围为基点向不同方向伸展，既具有装饰性又具有功能性，或长或短。

（1）不同位置的横向结构线（图4-2-1）：横向结构线以前后省尖的结束点为基点，在前后侧缝线上确定任意点为横向结构线的位置，并将两点连接，同时将腰省转移其中。也可在前、后中心线上确定横向

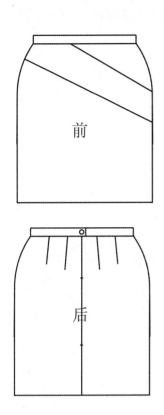

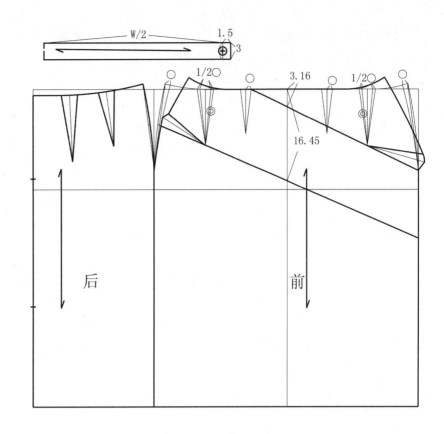

图 4-2-1 不同位置的横向结构线制板

结构线的位置，并与臀围与腹围的凸点相连接，将腰省转移其中，形成别致的裙身结构造型。

（2）不同长度的横向结构线（图 4-2-2）：横向结构线的长度变化无确切规定，可短至为零，以活褶的形式出现，长度可超过前后裙片的省尖凸点，也可最长贯穿整个裙身，形成育克的形式。

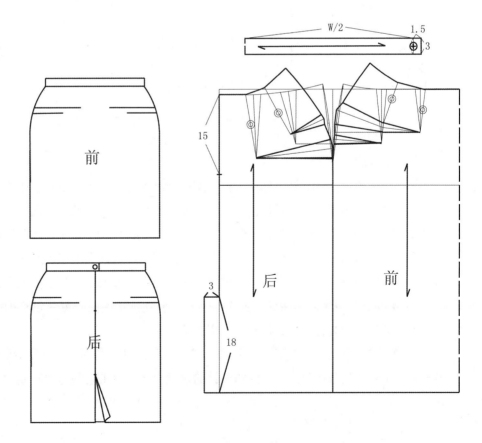

图 4-2-2 不同长度的横向结构线制板

(3) 不同造型的横向结构线 (图 4-2-3)：横向结构线的造型在不造成工艺上难度的情况下，其形式各异，或曲或直，或对称或不对称等多种形式变化。

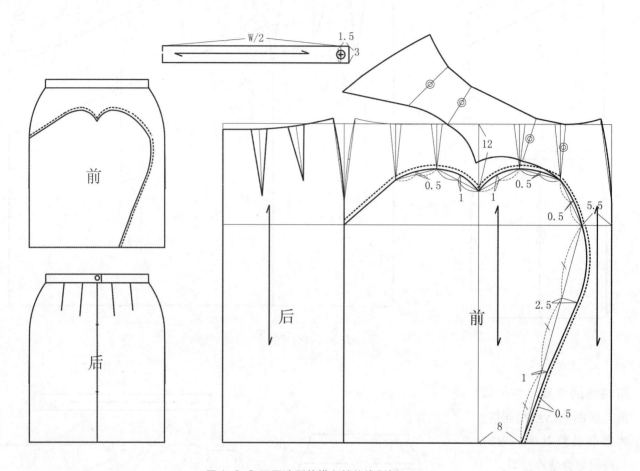

图 4-2-3 不同造型的横向结构线制板

2. 竖向结构线

竖向结构线的运用也遵循着体现人体造型的功能性结构设计为目的，以腹围和臀围的凸起和腰围凹势为结构设计依据。竖向结构线有长短、多少及造型上的结构设计，但在方向上有一定的限制。

(1) 不同位置的竖向结构线 (图 4-2-4)：竖向结构线的位置变化不仅仅局限于裙腰上不同位置的移动和变化，它可将裙摆的某个点作为基点进行竖向型结构设计，也可以脱离裙腰和裙摆边缘的限制，而出现在裙身中部的竖向型线段的设计造型，但其长度必须要经过前后裙片省尖的凸点。

(2) 不同长度的竖向结构线 (图 4-2-5)：竖向结构线的长度并没有确切的限制，短至为零时，其结构线的特征消失，称之为活褶。最长可贯穿整个裙身。

(3) 不同造型的竖向结构线 (图 4-2-6)：不同造型的竖向结构线为裙身结构设计增添了不少活力，其形式多以不规则的线条为主。在结构设计的过程中要注意工艺制作的难易程度。

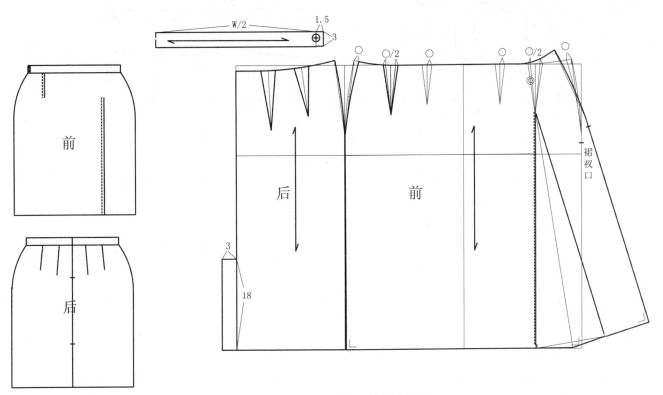

图 4-2-4 不同位置的竖向结构线制板

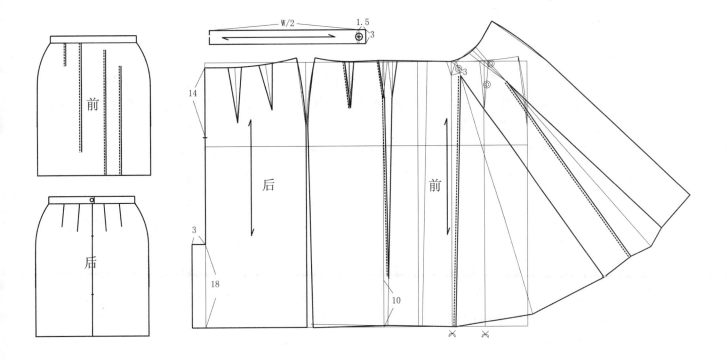

图 4-2-5 不同长度的竖向结构线制板

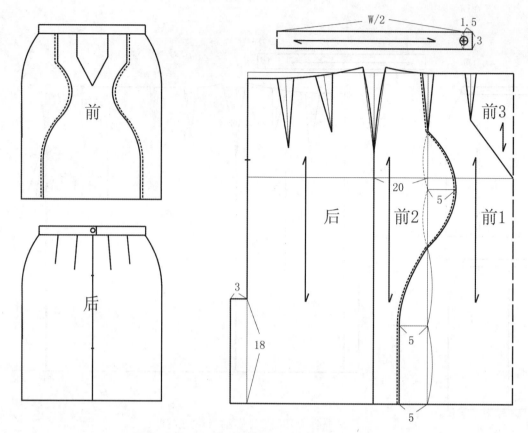

图 4-2-6 不同造型的竖向结构线制板

（二）装饰线

1. 横向装饰线

装饰线不同于结构线，它既没有改变裙身造型功能的作用，也没有使裙身符合人体造型的特点，它的存在仅局限于装饰裙身的美观作用，所以，此种线迹出现所遵循的原则以裙身的审美性为主，而在位置、多少、长短、造型等方面上并无本质性的要求。

（1）横向装饰线的位置变化（图4-2-7）：由于装饰线的特性决定了横向装饰线在裙身方位的不受限性。它完全抛开了体现人体凸点的臀围和腹围，也完全忽略了腰围的凹势，因此，横向装饰线的位置将有更大的选择余地。如裙身的前后侧缝线、前后中心线的任意一个点都可以作为横向装饰线结构设计点。

（2）横向装饰线的长度变化（图4-2-8）：横向装饰线的长度变化无确切规定，长可横贯整个裙身，短可以活褶的形式体现横向装饰线。在结构制板时，如果横向装饰线的结构设计不能贯穿整个裙身时，要注意横向装饰线结束点的位置，同时以结束点为基点将纸样竖向剪开，将设计的横线剪至结束点并以省量的形式打开，打开的量尽量要小，以免造成横向装饰线结束点不必要的凸起。若横向装饰线贯穿整个裙身，则直接将此线段打开，留出拼接线的缝份即可。

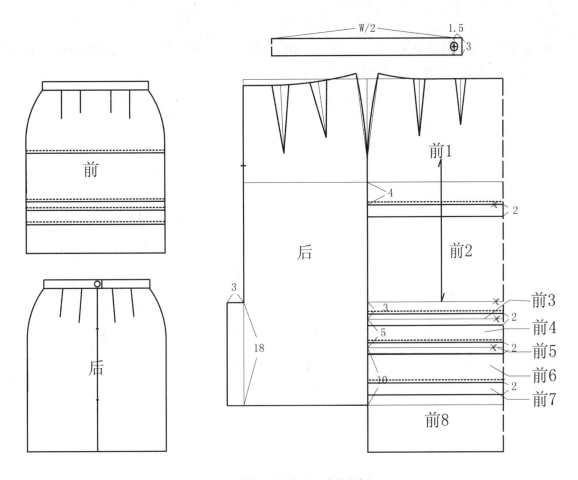

图 4-2-7 横向装饰线位置变化制板

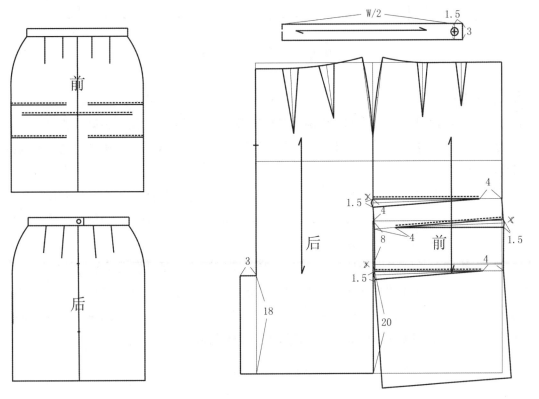

图 4-2-8 横向装饰线长度变化制板

　　（3）横向装饰线的造型变化（图4-2-9）：横向装饰线的造型因不受裙身结构的限制，其变化更是多种多样，有直线、曲线、直曲结合的线段等结构变化。

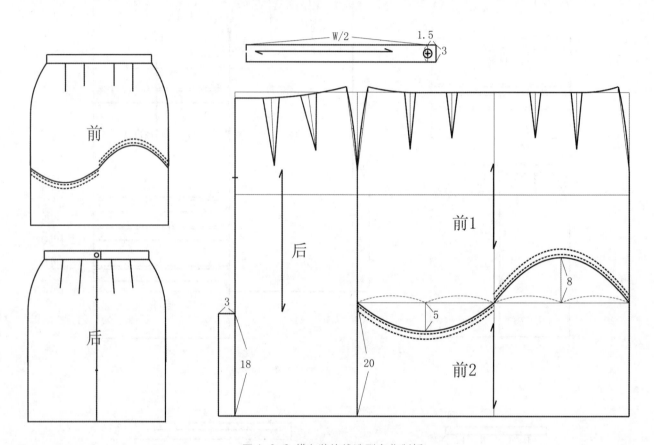

图4-2-9 横向装饰线造型变化制板

　　2.竖向装饰线

　　竖向装饰线的运用因不受人体腰围、臀围等结构的限制，其长短、位置、造型等变化很多，为裙装的款式设计逐渐趋向于多元化奠定了基础，丰富了裙款设计，拓展了设计思维，为裙装结构设计创新性发展建立了良好的设计平台。

　　（1）竖向装饰线的位置变化（图4-2-10）：竖向装饰线的位置变化主要是指装饰线在腰围至裙摆处不同位置的变化，由于不需要消化裙腰的省量，其位置选择更加灵活。可以以裙腰、裙摆、裙身的某个点为装饰线基点作为裙装竖向结构线的位置。

　　（2）竖向装饰线的长度变化（图4-2-11）：竖向装饰线的长度可根据裙款的具体设计进行设定，长度可长可短，但由于装饰线不需要消化结构线所担负裙款的功能性作用，因此在长度上较结构线灵活多变，长可从裙腰至裙摆，短可为零尺寸，成为活褶形式。若长度在裙身的某个部位结束，竖向装饰线的制板多以模拟省量的形式出现，但省量不宜过大，以免造成不必要的凸起。

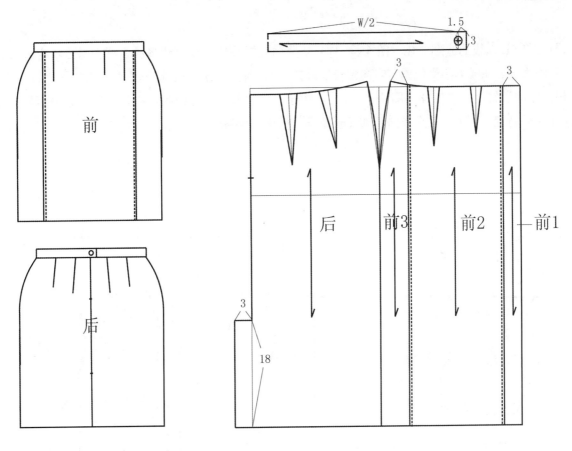

图 4-2-10 竖向装饰线位置变化制板

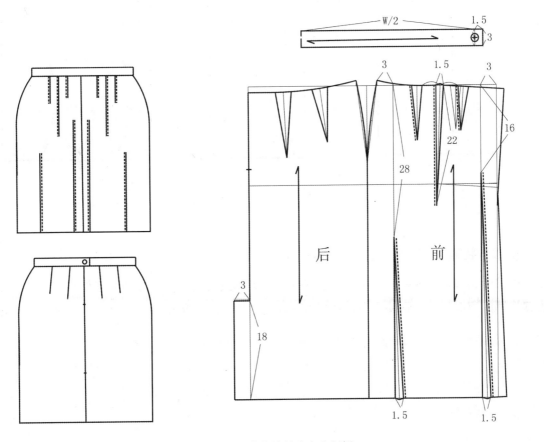

图 4-2-11 竖向装饰线长度变化制板

（3）竖向装饰线的造型变化（图4-2-12）：竖向装饰线的造型变化多种多样，是当代裙款设计必不可少的手段之一，由于其不受位置、方向、长短等方面的限制而在形态上趋于灵活。

（4）竖向装饰的多少变化（图4-2-11）：由于不受裙款功能性的限制，裙装竖向装饰线量的多少可根据设计要求确定。可设计多个竖向装饰线于裙腰、裙摆、裙身处。

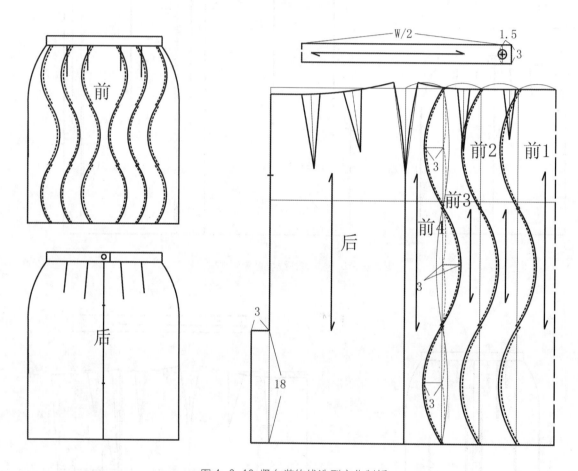

图4-2-12 竖向装饰线造型变化制板

（三）结构线与装饰线的结合（图4-2-13）

裙装中的结构线与装饰线并不是孤立存在的，合理的结构线与装饰线的交互使用，在一定程度上既满足了裙款设计的审美性，又弥补了两种线型所存在的各自弊端，是裙装结构设计中常见的一种线型结构制板方法。

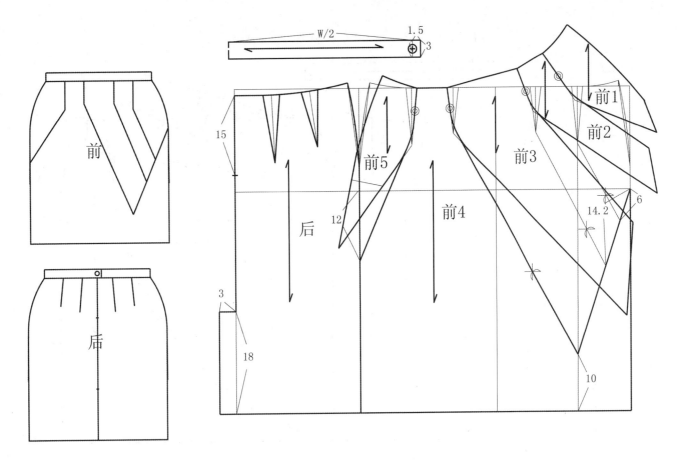

图 4-2-13 结构线与装饰线相结合的结构制板

三、面在裙身中的结构制板

面是通过线的围绕形成的具有一定面积的造型，它与点、线相比，大于点，宽于线，在视觉上更具有直观性和冲击力度，裙装就是由不同大小、形状相异的裁片组成，这些裁片都是一个个独立的面，裙装由这些面的拼接缝合组成符合人体造型的裙装。服装设计中的面，有大小、形态、位置、厚度、色彩、质感等特性，而裙装结构设计中只涉及面的大小、造型、位置等因素。不同面的结构制板，决定裙款的功能性和审美性，是裙款整体形态的基础。

（一）面的大小变化（图 4-2-14）

裙款的结构设计是将面料根据不同的款式，制作出符合人体形态特征的大小不同的面，再通过工艺制作的手法将这些形态各异的面拼接缝合成立体的裙款造型。裙款中面的大小尺度可根据裙款的具体要求确定，如左右没有侧缝线的桶装型裙款，它通过特殊的面料加工使面料成桶装造型，从而形成了裙装中最大的面；再如只有一条拼接线的裙装等。裙款结构设计中，当面小到一定限度的时候，性质发生根本性的变化，其形态也由原来的面向点过渡。

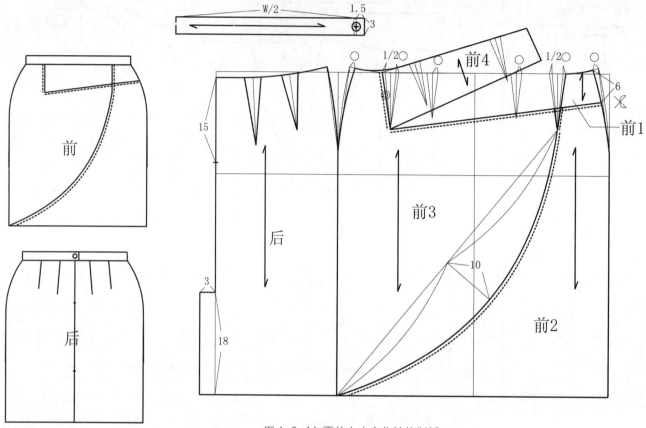

图 4-2-14 面的大小变化结构制板

（二）面的造型变化

面的造型变化是由围绕它周围的线决定的，一般情况下可分为直面和曲面。

1. 直面的造型变化（图 4-2-15）

在裙装结构设计中直面是常见的一种艺术形态，它通过不同直线的转折交错，创造出不同造型的面的艺术形态，如正方形、长方形、菱形、不对称的造型等。

2. 曲面的造型变化（图 4-2-16）

裙款中的曲面造型变化并不多见，其形态的独特性，成为创意性裙装结构设计点之一。侧缝线的弧线造型改变了传统裙装的中规中矩，也为另类裙型的产生创造了条件。虽然裙装中曲面形态为裙装结构设计增添了灵动与活泼，但也为裙款的工艺制作带来不小的挑战。

3. 直、曲结合的造型变化（图 4-2-17）

直、曲面的结合在裙款中最为常见，从形态上可分为两种情况，一种为一个独立的面拥有直、曲两种边缘线；另一种为直面与曲面两种不同形式的面共存于同一个裙款中，一般情况下曲面多以褶量的形式与直面相拼合。

面以不同形式的造型出现在裙装中，在装饰线和结构线的共同合作下实现裙装的各种形态。

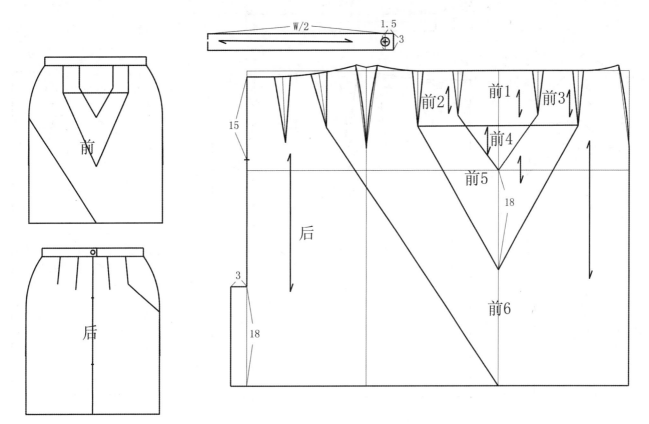

图 4-2-15 直面造型结构制板

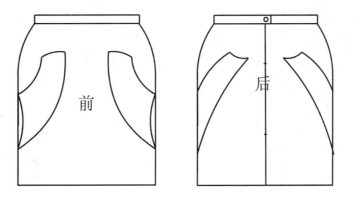

图 4-2-16 (a) 曲面款式图

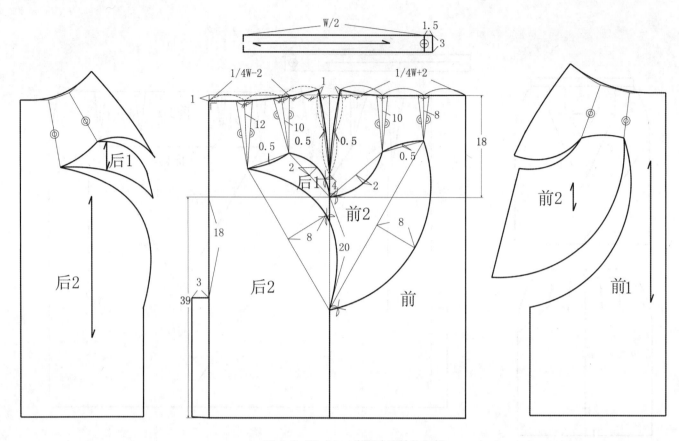

图 4-2-16（b） 曲面造型结构制板

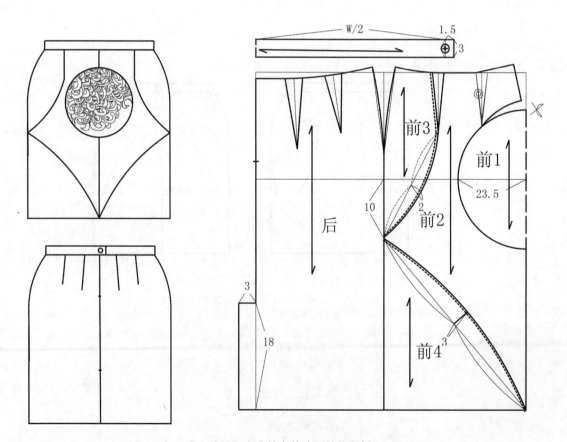

图 4-2-17 直曲结合的造型结构制板

四、体在裙身中的结构制板

在裙装结构设计中的体是指裙装局部有明显的凹凸感的造型特征，其在设计中体的表现手法多种多样，如面料的褶皱、裁片的重叠、装饰物的添加以及立体口袋的运用等。面料的褶皱一般多需要立体裁剪来实现，装饰物的添加多通过成衣后处理的设计手法来完成，裁片的叠加是裙装平面结构制板体现裙装体的重要手段。裁片的叠加通常以褶裥的形式体现裙款的体的造型。立体口袋的运用属于裙款结构设计中的零部件设计，它在一定程度上较好地弥补了平面裙款造型的呆板与生硬。

褶是裙装结构设计中常见的一种体的结构造型，它是裙装中省与断缝处理的另一种形式，因此它具有结构线的功能与特征，但由于采用部分缝合、部分不缝合的工艺手法而造就了其在外观上体的造型，而且不缝合的部分在一定程度上增加了人体的活动量，蓬松的立体造型也是设计师美化裙装的重要手段，因此装饰性能显而易见。根据结构制板和工艺制作，褶的形式主要分两大类：一是自由褶；二是规律褶。

（一）自由褶

自由褶有随性、自然、活泼的特点，但造型有一定的不可控性，不恰当地运用自由褶，易产生不合尺寸的膨胀感，夸大人体的缺陷，根据造型自由褶又分为波浪褶与缩褶两种形式。

1. 波浪褶（图 4-2-18）

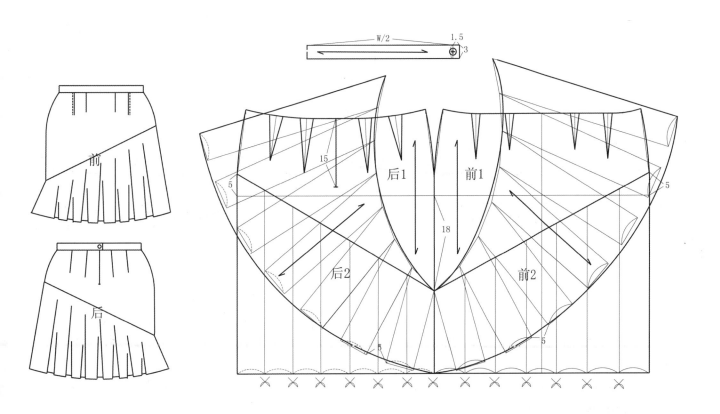

图 4-2-18 波浪褶结构制板

波浪褶的形成与面料的收缩无关，它形成的主要原因是由于裙装结构处理加大了裙摆的宽度而产生均匀的波浪造型，波浪褶的大小受裙摆的大小左右，而裙摆的大小则是由裙款不同的结构制板造成，如片裙、太阳裙等。波浪裙在结构制板过程中如果处理不当会造成褶量大小不均和位置上的不均匀。

2．缩褶（图 4-2-19）

缩褶的变化丰富而多样，因此应用范围较为广泛，它既隐含裙装中的省量，又有波浪褶的某些特点，但在结构制板中却与波浪褶大相径庭，波浪褶多以加大摆线的弧线长度来完成裙装波浪的大小，而相对应的一边长度不变。缩褶却恰恰相关反，裙摆的长度可加大也可不加，但与之相对应的一边却要增加线的长度，褶量的多少决定对应线的长短。

在裙装结构设计中波浪褶与缩褶的表现形式多种多样，有长短、位置、大小之分。如在裙摆、裙身、侧缝线、前门襟等。

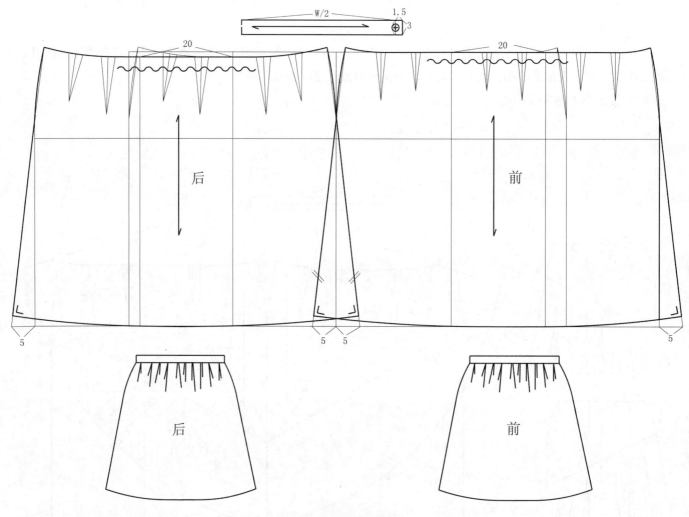

图 4-2-19 缩褶结构制板

（二）规律褶

规律褶有庄重、内敛、大方的造型特点，造型上有一定的规律可循，结构与工艺上有一定的可控性，它主要是通过对裙款面料不同质地、不同造型的折叠、缝纫而产生的。根据裙装的结构设计要求，可以有效地调整规律褶的大小、长短、造型、位置等变化。按其折叠的形态可分为工字褶和顺褶两种。

1. 工字褶（图 4-2-20）

工字褶是指褶裥方向相向的褶型，褶量大小根据结构设计来定，一般情况下，隐藏在暗处的褶量不能超过明褶的两倍，以免出现褶量重叠的现象；每一组由 2 个倒向相向或 2 个倒向相反的褶组成，所形成的褶必

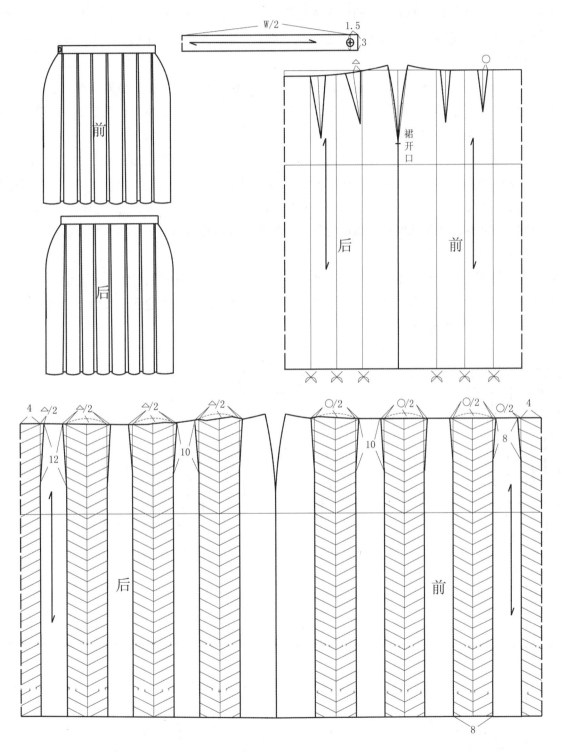

图 4-2-20 工字褶结构制板

须熨烫定型，并自腰围向下取一定数值（以省量的长度为佳）暗缝固定，暗缝长度可根据裙型的结构要求所需进行设定。这些褶裥里面隐含着腰围与臀围的差量，即腰省暗含其中。因此，所产生的裙款造型，臀、腰部虽然有大量的活褶出现，但仍然平整丰满。而臀围线以下没有受暗缝的固定和限制，褶量自上而下自然张开，使整体裙型成 A 型裙造型。

制板时先确定褶量的多少和大小，然后在臀围处加放一定尺寸的放松量，以臀围宽度确定所需裙长，并直线连接腰围线。测量腰围与臀围之间所差尺寸，并将所差尺寸平均分配给每一个褶裥，褶裥的大小和造型可根据设计来确定。

根据裙款的结构设计原则，工字褶有位置、造型、大小的结构设计变化。位置上有如在臀围线以下、侧缝线处、前门襟以及下摆处等变化形式；造型上有可上宽下窄、上窄下宽，也可上下等宽等变化形式，褶量的大小决定了裙摆的大小和裙身的立体造型。

2. 顺褶（图 4-2-21）

顺褶与缩褶在结构制板上大同小异，所不同的是褶的倒向：一个规则，一个不规则。顺褶是指褶裥方向一致的褶型，或左或右，或以一点为基点相向或相反地进行褶裥。如果需要腰臀合体，同样将腰臀的差量均匀地分配到褶量中，在工艺制作上根据裙款设计的需要确定褶量的倒向，并在腰头加以固定，或熨烫或不熨烫，或暗缝或不暗缝。

裙款结构设计不是某个线的结果，更不是某个面所决定的，它是众多结构因素共同结合的结果。一个成功的裙装结构设计，不仅具有其基本的功能性，更要与设计相结合，以迎合现代裙款设计的审美法则，从而达到最理想的裙款结构设计。

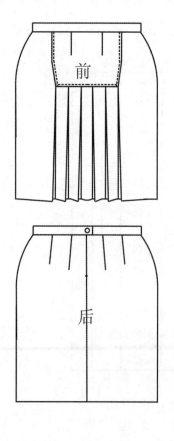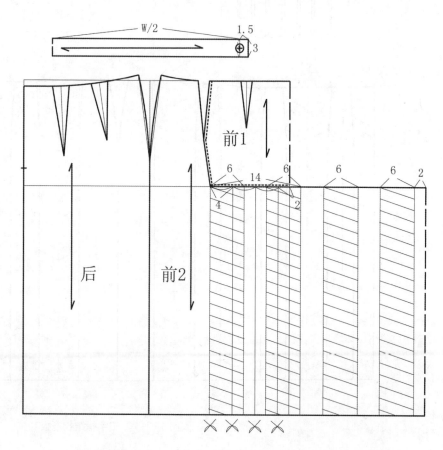

图 4-2-21 顺褶结构制板

第三节　线、面、体相结合的裙装结构制板

一个成熟的裙款设计表现为裙款结构上各个元素的合理衔接与运用，它具有一定的目的性、功能性和审美性，而不是简单的拼凑。通常情况下裙装是由裙腰、裙身、裙摆三个主体部件组成，但究其细节，则是点、线、面、体的不同组合，主要表现为结构线与褶的组合、装饰线与褶以及结构线和装饰线与褶的组合等等。不同形态组合下的裙型，通过分析与研究，不难发现，无论其形态如何夸张怪异，它都具有某种结构的制板特点，是某种结构制板的变体。

一、结构线与褶的组合

结构线与褶都具有体现裙款造型的功能，功能上的相似决定了它们在一定程度上的独立性，两者都属于个性鲜明的结构造型，因此在进行这类结构设计之前，需仔细分析。首先，要确定主次关系；其次，对组合方式做出正确选择；再次，确定结构线与不同形式褶的组合技巧与方法。按其主次关系主要有三种情况，一是结构线为主，褶为辅；二是褶为主，结构线为辅；三是结构线与褶并重的裙装结构设计。

（一）结构线与自由褶相结合的裙型

不同的自由褶与结构线的组合可形成不同性质的裙款造型，结构线在与自由褶组合的过程中有位置、形状等形式变化。从结构制板的过程中可以看出，结构线由于要体现裙款的功能性，因此在位置变化上有一定的局限性，应以省凸点为基点，形状上则可以采用多种形式的表现手法来体现裙款的细节设计。

（1）结构线与缩褶（图4-3-1）：制板时应先确定结构线的位置和造型以及缩褶量的大小，然后再根据确定的款式图进行结构制板。

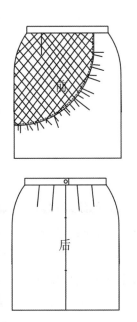
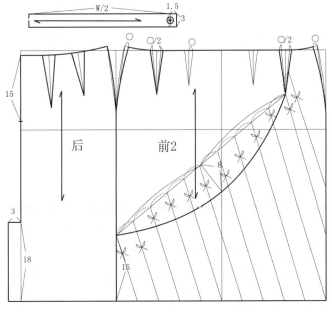
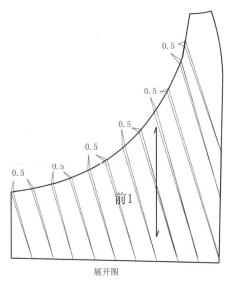

展开图

图4-3-1　结构线与缩褶的结构制板

　　（2）结构线与波浪褶（图4-3-2）：结构线与波浪褶结合时，具体的操作方法同于结构线与缩褶的结构制板，但由于波浪褶所产生的外观造型与缩褶大相径庭，而产生了别样的款式风格。

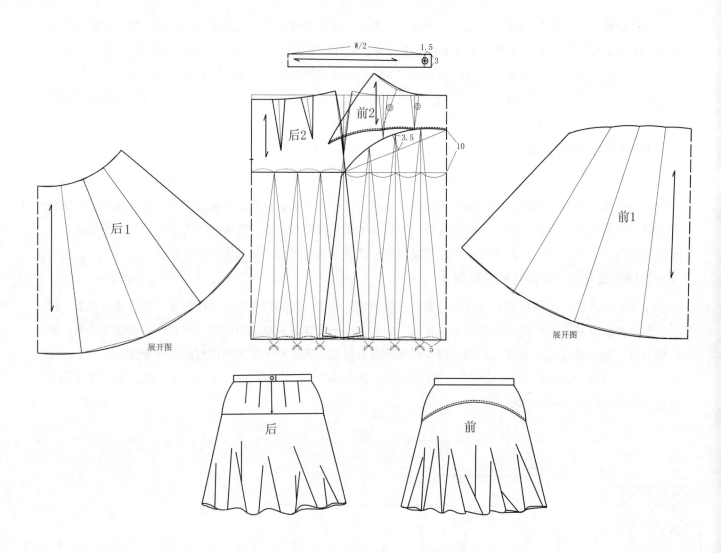

图4-3-2 结构线与波浪褶的结构制板

（二）结构线与规律褶相结合的裙型（图4-3-3）

　　结构线是体现裙款结构造型的线，它具有调节裙板符合人体造型的作用，规律褶虽然没有结构线对裙款结构的直接性表达，但其外观造型却具有隐藏裙装功能性的作用。因此，结构线与规律褶在个性上具有很强的独立性，这也就决定了两者之间制板过程中主次选择使用的重要性。

　　结构线与不同规律褶结合的制板方法与技巧是相同的，但所出现的裙款外观不同，主要取决于裙款规律褶的造型特点，如结构线与"工"字褶的结合、结构线与顺褶的结合等。

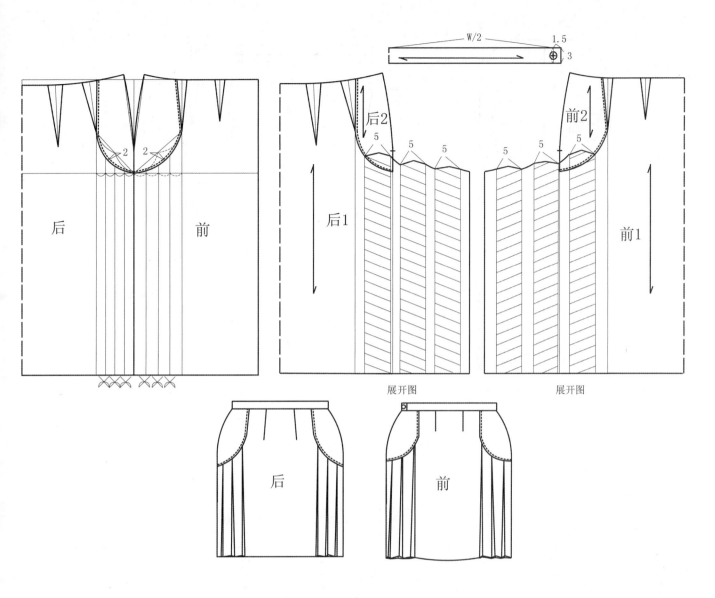

图 4-3-3 结构线与规律褶的结构制板

二、装饰线与褶的组合

　　装饰线与褶组合时，由于装饰线不具备功能性，因此两者在结合过程中，装饰线的位置不会受裙装结构的影响。结构设计时注意把握好两者之间的主次关系以及位置、造型的审美性即可。

（一）装饰线与自由褶的组合裙

　　装饰线由于不受位置的限制而使裙款在设计上有很大的突破，装饰线可以与自由褶以不同的主次形式来确定所设计的裙装款式造型；自由褶也可与装饰线脱离，如在成型的自由褶上做装饰线等。

　　（1）装饰线与缩褶见图 4-3-4。

　　（2）装饰线与自由褶见图 4-3-5。

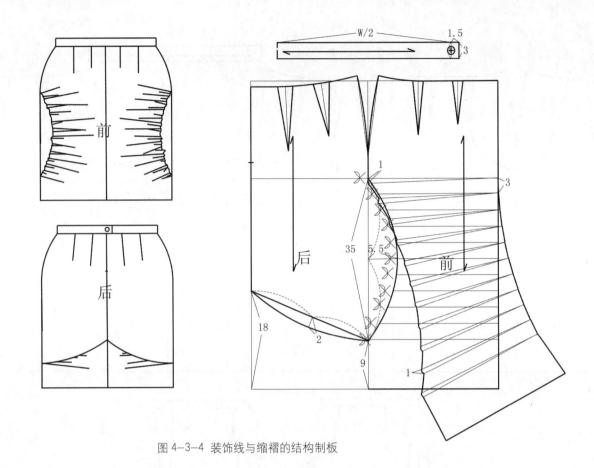

图 4-3-4 装饰线与缩褶的结构制板

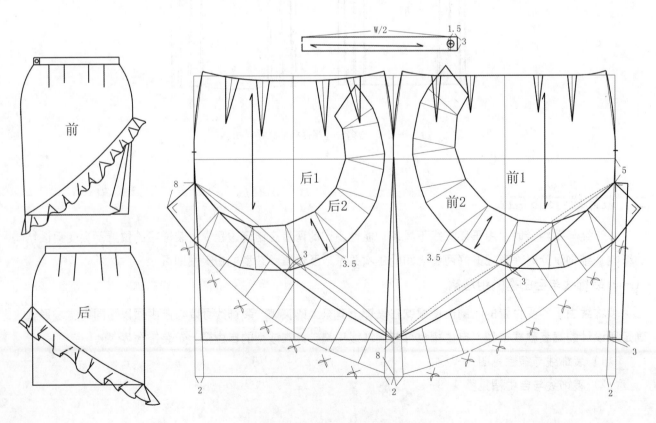

图 4-3-5 装饰线与波浪褶的结构制板

（二）装饰线与规律褶的组合裙（图4-3-6）

装饰线与顺褶、工型褶的组合方法是相同的，装饰线位置的不受限性决定了顺褶和工型褶位置的变化加大，顺褶和工型褶中一定程度上隐含着裙款的功能性，因此合理地确定规律褶与装饰线的衔接，会使整体裙款新颖又别致。

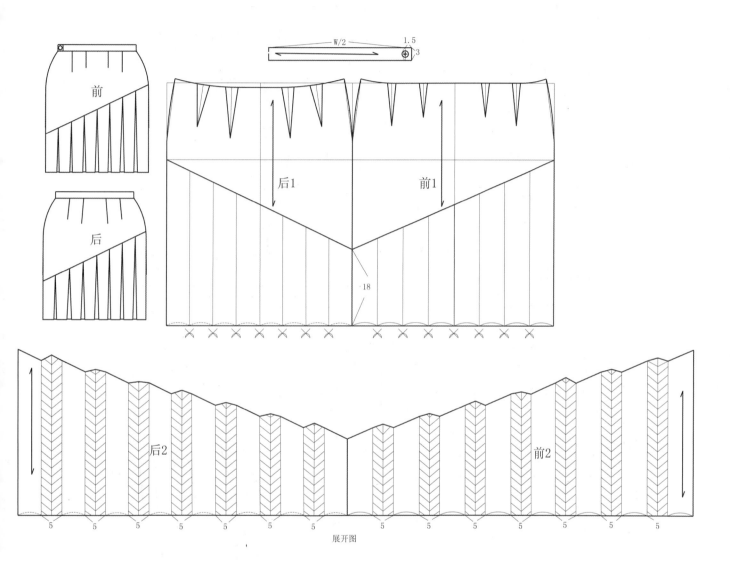

图4-3-6 装饰线与规律褶的结构制板

三、结构线、装饰线与褶的组合

在裙装结构中，当结构线、装饰线与各种褶的形式同时出现时，应把握好三者之间的主次关系与表达形式，合理的搭配会产生意想不到的效果。

（一）结构线、装饰线与自由褶

把握三者之间的制板特点与形式，运用时首先确定结构线在裙装中的位置与造型，由于装饰线不受位置、造型等因素的限制，因此在不妨碍结构线整体性的同时，设定装饰线的位置；最后要把握好自由褶的位置、形态、打开量的大小、长短等因素。

（1）结构线、装饰线与缩褶见图 4-3-7。

（2）结构线、装饰线与波浪褶见图 4-3-8。

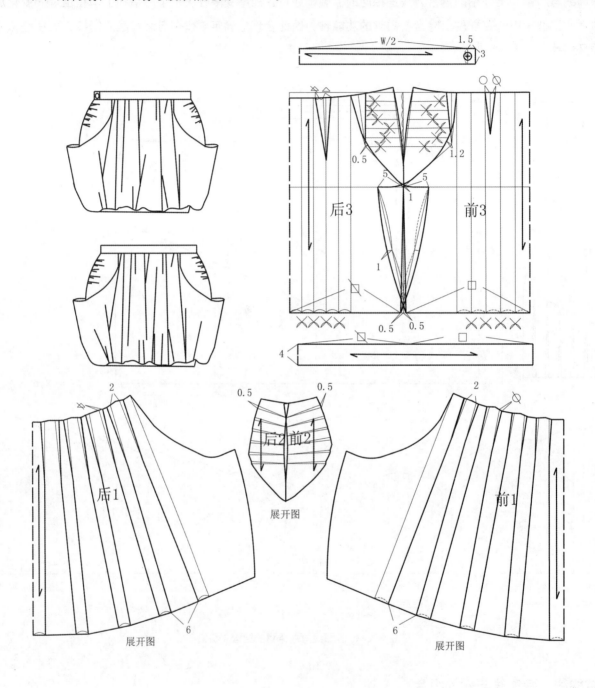

图 4-3-7 结构线、装饰线与缩褶的结构制板

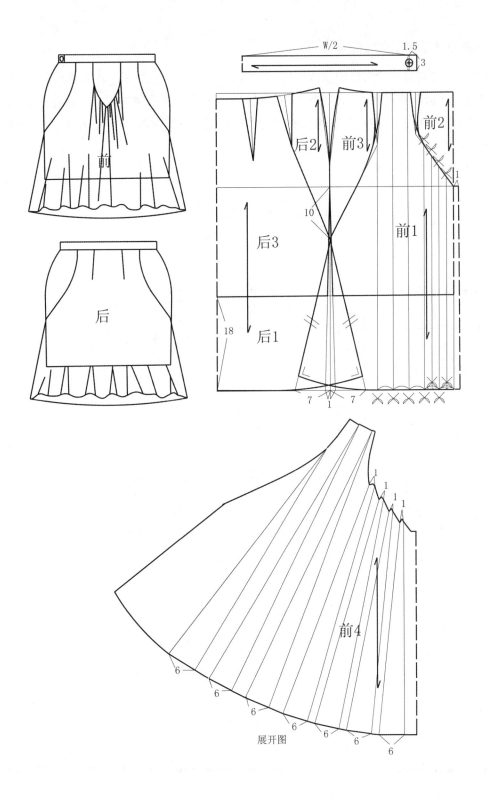

图 4-3-8 结构线、装饰线与波浪褶的结构制板

（二）结构线、装饰线与规律褶（图4-3-9）

　　制作此类裙装，首先要有一个合理的款式规划，协调三者之间的主次关系，通常情况下多以结构线为主，装饰线为辅，这是规律褶装饰的整体制板规律。在制板过程中规律褶因褶量大小、折叠的形式不同而使裙装的结构造型千差万别，因此，在运用规律褶时可在同类款式中运用不同的折叠方法，完成结构线、装饰线与规律褶的差异组合。

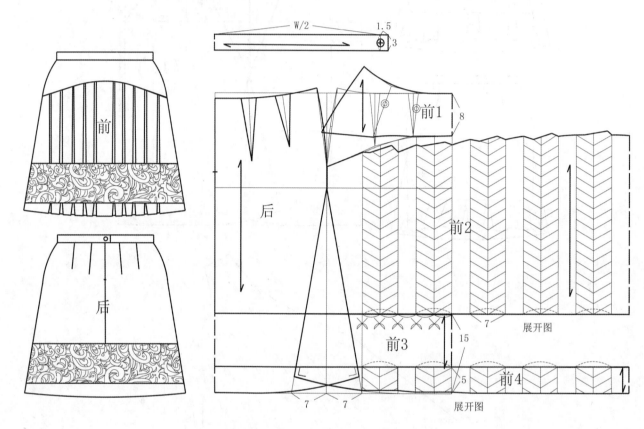

图4-3-9　结构线、装饰线与规律褶的结构制板

【课后练习】

　　（1）针对各种裙装的廓型设计尝试各种形式的结构制板并不断修正和完善纸样。

　　（2）进行不同形式点、线、面、体在裙装结构中的制板练习。

　　（3）尝试在不同廓型的裙装上进行点、线、面、体的穿插运用，寻找其最佳的结合形式和方法。同时进行相应的结构制板分析与绘制。

【课后思考】

　　（1）不同廓型的制板原理与变化规律之间衔接的思考。

　　（2）点、线、面、体在不同裙款中运用技巧的思考。

　　（3）不同形态点、线、面、体在裙款中结合形式的思考。

　　（4）对不同廓型点、线、面、体的合理运用与制板技巧的思考。

第五章 裤原型结构制板

【学习内容】

（1）裤的结构制板原理与方法。

（2）裤原型应注意的基本问题。

【学习重点】

（1）裤原型的制板原理与方法。

（2）裤原型绘制过程中应注意的事项。

【学习难点】

裤子原型的制板原理与方法。

　　裤子是由裤腰、腹围、臀围、大小裆、裤腿五部分组成，其结构制板的原理与裙子的结构制板有着异曲同工之处。点、线、面、体的运用原理及方法也非常相似。但裤子与裙子的本质区别在于两腿处结构的分开，从而产生裤子前后片的小裆和大裆，成为裤子结构设计的关键。因此裤子结构设计的重点就在于裤子大小裆的弯式、长短，后中心线的起翘、倾斜度等。

　　为了裤型结构设计制板应用上的方便，多采用先确定裤子的基本纸样，即原型的制板，然后再以此进行各种裤型的结构设计。在绘制裤子原型前，应先了解裤子结构的各种结构线和辅助线的位置、名称、作用以及相关的专业术语，为有条理、有目的的进行裤子结构制板打下基础。

第一节 裤子原型结构制板名称

　　裤子原型结构制板名称如图 5-1-1 所示。

一、横线

　　（1）腰围辅助线：取一条线段，长度为人体臀围长度加适当放松量，位于人体的腰部，为腰围线的制图做准备。

　　（2）前腰围线：前片实际腰围长度线，是在腰围辅助线的基础上完成的，整体造型与人体腰部造型基本吻合，最终以粗实线的结构线完成此线。

　　（3）后腰围线：后裤片的实际腰围长度线，是在腰围辅助线的基础上完成的，由于裤型将两腿分开所产生的小裆与大裆对人体活动有一定的限制，特别是当人体下蹲时，臀沟对裤型后中心线的牵拉作用，决定

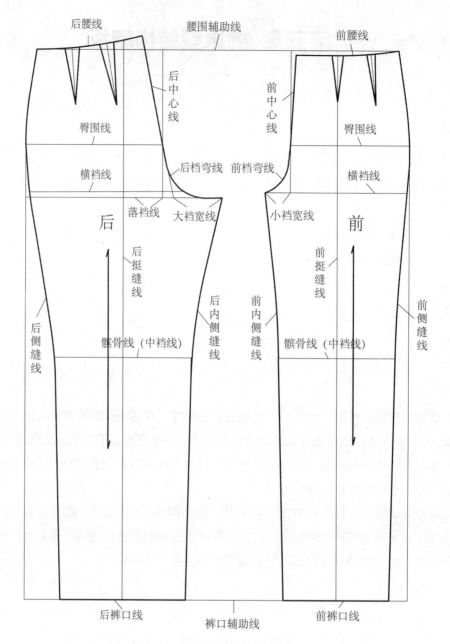

图 5-1-1 裤原型结构制板名称

了裤前后中心线的结构不同，后片中心线的斜度大于前中心线，同时后腰点高于前腰点。

（4）臀围线：以腰围线为基点向下测量至臀部最丰满处，平行于腰围基础线，又称之为臀长线，不同身材，臀围线的位置和肥度不同。臀围线位置的确定，有利于控制臀围松量大小、大小裆宽及比例关系。

（5）横裆线：平行于腰围辅助线，以股上长的长度为基点，此结构线的位置、大小决定了裤子的功能性和舒适性。

（6）落裆线：落裆线是指为完成大裆弧线而作的一条低于前裆弧线，并半行于腰围辅助线的一条辅助线。

（7）髌骨线：又称前后中裆线，位于人体的膝盖部。此线作为裤型变化的依据线，是裤型变化的主要参照线之一。

（8）裤口辅助线：以裤长为基点，平行腰围辅助线的一条辅助线，为前后裤口线的制板作准备。

（9）前后裤口线：在裤口辅助线上作前后裤口线的结构线。裤口线有位置、宽度和造型等变化，是裤型设计的主要亮点之一。

二、竖线

（1）前中心线辅助线：与腰围辅助线相垂直，垂直交于横裆线，是前中心结构线制板的依据。

（2）前中心线：前中心线位于人体腰腹的中心位置，又称前上裆线，前中心线是由门襟劈势线和前裆弯线两部分组成，按照人体造型前中心线略向里倾斜，长度短于后中心线。

（3）后中心线辅助线：与腰围辅助线相垂直，垂直交于横裆线，是后中心结构线制板的依据。

（4）后中心线：后中心线位于人体的臀腰的1/2处，又称后上裆线。后中心线由大裆的困势线和大裆弯线两部分组成，由于腰臀差主要集中在后片，所以造成后中心线困势的加大，因此后中心线向后的倾斜度大于前中心线，同时受其影响大裆弯式和长度也大于前片的小裆。

（5）挺缝线：位于前后裤片的1/2处，垂直交于腰围辅助线和裤口线，又称烫迹线，是确定前、后裤型对称与肥瘦的依据，同时也是判断裤子产品质量优劣的参照线。

（6）前、后侧缝线：位于人体腿部外侧的结构线。

（7）前、后内侧缝线：是指从横裆至裤口的人体腿部的内侧结构线，又称下裆弧线，由于后裆大于前裆，因此一般情况下后内侧缝线的弧式与长度大于前内侧缝线。通过后片的落裆使前后内侧缝线长度相近。

（8）前省线：前省线位于前片腰围线上，可根据款式设定省量的大小和多少。一般情况下，省位在挺缝线和侧缝线之间或在挺缝线上，当然省位也可根据设计具体设定。

（9）后省线：位于后腰围线上，位置多在后片腰围线长的1/2或1/3处，省量的大小和多少应根据具体的款式设计确定，省尖的长度以臀围以上5cm的各个点。

第二节 裤子原型结构制板

一、裤子原型结构制板（图5-2-1）

（一）结构特点

裤子原型的结构特点是根据亚洲人的人体特征确定，在尺寸设定上多采用比例分配的方法，所需尺寸多在净尺寸的基础上，加上适当的放松量制板而成，因此腰围、臀围、腹围合体，长度适中，造型上更符合人体造型，从而提高了裤型的标准化程度，裤子原型不仅可以作为裤子的标准款式直接使用，而且还可以作为基础纸样进行多种裤型的结构变化与设计。

（二）所需尺寸（表5-2-1）

表5-2-1 裤子原型制板所需尺寸   单位：cm

号型	部位名称	臀围（H）	腰围（W）	臀长（HL）	上裆长（D）	裤口宽	腰头宽
160/66A	人体净尺寸	90	66	17	28.5	/	/
	成衣尺寸	90	66	17	28.5	21	3.5

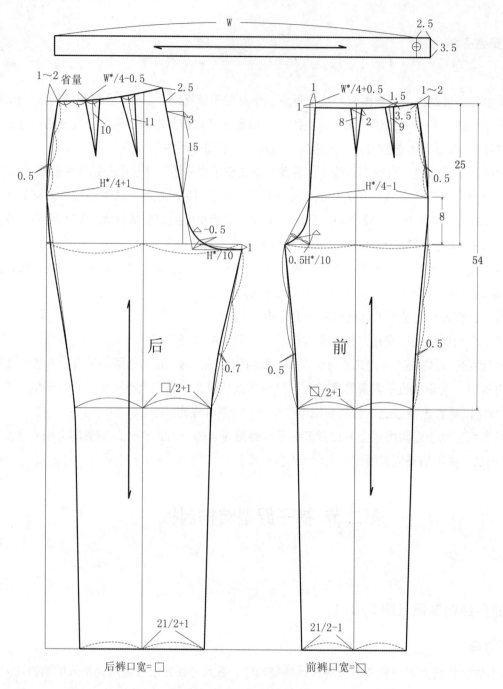

图 5-2-1 裤子原型结构制板

尺寸设定应根据裤子的不同型号具体确定，这里裤原型制板规格选择 M 号的必要尺寸，或采用具体的人体测量获得。

（三）制板方法

（注：H*、W* 表示净臀围、净腰围尺寸）

1. 基础线的绘制

作水平腰围辅助线，同时作垂直于水平腰围辅助线确定裤口线的位置，即裤长。并根据提供的臀长、上裆长、中裆长分别作臀围线、横裆线、中裆线（髌骨线）等辅助线。制板中的上裆长＝实际上裆长－腰头宽＝ 28.5－3.5=25cm。

2．前裤片的绘制

（1）前臀围宽：H*/4-1。

（2）前中心线的倾斜度：在前中线辅助线与腰围辅助线的交点，向里进1cm，同时与臀围线直线连接。

（3）小裆宽：0.5H*/10。

（4）小裆弧线：直线连接臀围线与小裆宽，在此直线上作垂直线交于前中心线辅助线与横裆辅助线的交点上，同时将此线段平均分成三等份，取其2/3处作为小裆弧线的辅助点，曲线连接臀围线、辅助点、小裆宽，小裆弧线完成。

（5）前挺缝线：取前臀围宽与小裆宽和的1/2，以此为基点作臀围线的垂直线，上交于腰围辅助线，下交于裤口辅助线。

（6）前腰围宽：在前中心线与腰围辅助线的交点处向里进W*/4+0.5cm，在前裤片的侧缝线辅助线处向里进1～2cm，前侧缝线所减尺寸加上腰围的实际尺寸，所剩余量即是前腰围的省量大小，若臀围与腰围的尺寸差过大，则需要2个省量来消化。反之，则只用一个省量即可。一般情况下，省量的大小尽量不要超过3cm，以免造成省尖的过于凸起，影响裤装的整体造型。当然也可以根据款式的具体要求进行设定。

（7）前腰围线：以前腰围辅助线与前中心线倾斜度的交点为基点下降1cm，并以此为基点曲线连接前腰围的侧缝点处。前中心线最好以直角的形式完成。

（8）前省设定：以前挺缝线为基点取前裤片省①，一般情况下，此省量大于第二个省量。省尖长度为8cm（推荐数据）；在第一个省量与腰围侧缝点之间距离的1/2为前片省②，省尖长度为9cm（推荐数据），省与前腰围线相垂直。

（9）前裤口宽：以前挺缝线与裤口辅助线为基点向两边取21/2-1。

（10）前中裆宽：以前挺缝线与中裆线（髌骨线）辅助线的焦点为基点，向两边前裤口宽的1/2+1cm。

（11）前侧缝线：

①腰围至臀围处的侧缝线：腰围线与臀围线直线连接，并将此线段平均分成三等份，取靠近臀围线的1/3处向外垂直0.5cm作为一个辅助点，胖式连接腰围线、辅助点、臀围线；

②臀围线至中裆线的侧缝线：横裆辅助线与中裆线直线连接，取其线段的1/3向里垂直0.5cm，作为一个辅助点，再将臀围线与中裆线直线连接，曲线连接臀围线、辅助点、中裆线；

③中裆线至裤口线的侧缝线：直线连接中裆线与裤口线。由此，前侧缝线完成。

（12）前内侧缝线：

①小裆至中裆线：直线连接小裆与中裆，并取其1/3向里垂直凹式0.5cm作辅助点，曲线连接小裆、辅助点、中裆线（注：凹势画顺的量应根据线段的斜度大小来确定，斜度大，凹势大，斜度小，凹势小）；

②中裆至裤口线：直线连接中裆线与裤口线，由此前内侧缝线完成。

3．后裤片的绘制

（1）后臀围宽：H*/4+1。

（2）后中心线：①后中心线的倾斜度：15：3（此处的后中心线的倾斜角度、比率等数据因裤型变化而变化，如裙裤的倾斜角度为0，而紧身的裤型有时则达到15：3.5），作斜线交于臀围线与后中心线的辅助线上，向上通过腰围辅助线上升2.5cm（推荐数据），作为后腰围的后中心点。向下交于大裆深线。

（3）大裆宽：H*/10。

（4）大裆弯度：在大裆宽的基础上垂直下降 1cm（参考数据），作后中心线斜线与大裆辅助线的交角的角平分线，长度为小裆弧线辅助点长度 −0.5cm 作为辅助点，曲线连接臀围线、辅助点、大裆长度，大裆弯线完成。

（5）后挺缝线：后片横裆宽的 1/2 作垂直于臀围线的一条线，上交于腰围辅助线，下交于裤口辅助线。

（6）后腰围线：

①后腰围宽：以后腰围的中心线为基点向里进 W*/4−0.5cm；

②在后侧缝线的辅助线向里进 1～2cm，确定后腰围侧缝线的结束点，后中心线与腰围线呈直角，曲线连接侧缝点。

（7）后腰省：

①省位：将后腰围大平均分成三份，每一份作为省位点；

②省量大小：将侧缝点与后中心点之间的距离减去实际腰围所得数据为省量的大小，省量较大时，多采用 2 个省量的形式完成，量较小时可选用一个省的形式；

③省尖长度：靠近后中心线的省量 11cm（推荐数据），靠近侧缝线的省量 10cm（推荐数据），以此长度在省位处作腰围线的垂直线，并收掉所需省量，后腰省完成。

（8）后裤口宽：以后挺缝线与裤口线辅助线的交点为基点向两边各取裤口宽的 1/2+1cm。

（9）后中裆宽：以后挺缝线与中裆线辅助线的交点为基点向两边各取后裤口宽的 1/2+1cm。

（10）后侧缝线：

①腰围线至臀围线的侧缝线：直线连接腰围线至臀围线，平均分成三等份，取靠近臀围线的 1/3 处向外垂直 0.5cm，作为辅助点，曲线胖式画顺腰围线、辅助线、臀围线；

②臀围线至中裆线的后侧缝线：直线连接臀围线至中裆线，靠近臀围线处作胖式画顺，靠近中裆线的部位凹势画顺；

③中裆线至裤口线：直线连接中裆线与裤口线之间的距离，后侧缝线完成。

（11）后内侧缝线：

①大裆线至中裆线：直线连接大裆线至中裆线，并将此线段平均分成三等份，取靠近中裆线的 1/3 处垂直向里进 0.7cm（推荐数据），确定辅助点，曲线凹式画顺大裆线、辅助点、中裆线；

②中裆线至裤口线：直线连接中裆线至裤口线；由此，后内侧缝线完成。裤子原型制板完成。

二、裤子原型结构制板注意事项

（1）前后臀围宽的设定：前后臀围宽的尺寸设定不是一成不变的，所加尺寸的大小应根据裤子的造型和款式来定，紧身的裤型多以净臀围尺寸作为成衣尺寸，宽松式裤型则需要根据裤装的肥瘦程度进行尺寸的增加，裤装越宽松，所加的尺寸越大。

（2）前后臀围尺寸差的设定：前后臀围尺寸差的设定决定了侧缝线的位置，由于臀围大于腹围的围度，因此在一定程度上需要增加一定的量来满足两者之间的差距，同时在前片减少相同的量，使侧缝线整体造型在视觉效果上处于人体的止侧面。

（3）前后腰围线的设定：与臀围线相反，后腰围减去一定的数值和前片加上相同的数值来达到侧缝线的合理位置。数值的大小取舍不是一成不变的，在一定程度上，所加减的尺寸决定了侧缝线的位置，或前或后。

（4）前后片的侧缝线：前后侧缝线以相似为佳，但特殊的裤型设计在一定程度上会打破原有的传统规则，从而改变前后片的侧缝线造型。

（5）大小裆的大小、造型与尺寸差：

①大小裆的大小：大小裆的大小决定了裤型裆位的结合点，它的长短在一定程度上受众多因素的影响，裤型的肥瘦、臀围的大小、腹围的大小都是影响大小裆的关键所在，不合理的大小裆尺寸会造成裤腿的紧贴和裆部余量的产生，形成不必要的褶皱，从而影响舒适性和视觉效果。

②大小裆的造型：大小裆的造型决定裤型裆部造型的顺畅程度，大小裆造型的不合理极易造成余量和褶皱的产生。

③大小裆的尺寸差：一般情况下，大小裆的总长大约占成品臀围的 14.5% ～ 16% 左右，而大小裆的比率则约在 3 ： 1，如按裆宽的比率 16% 来计算，大裆应占臀围 12%，而小裆则占 4%，虽然不同的制板书籍对大小裆的长度各执一词，但其长度差异则相差无几。

（6）落裆的大小：为了使前后内侧缝线等长而采取的一种补救手段，一般情况下前后内侧缝线的弧线差别越大，落裆越大，反之则越小。

【课后练习题】

（1）以 1：1，1：5 比例绘制裤子原型制板，为后期的各种裤型结构设计与制板做准备。

（2）用白坯布制作裤子基样，分析制板过程中出现的问题，并及时修正与解决。

【课后思考】

（1）对前后臀围取值大小规律的思考。

（2）对前后腰围取值大小规律的思考。

（3）对裤子前、后中心线起翘、斜度规律的思考。

（4）对前后侧缝线斜度、胖式画顺规律的思考。

（5）对大小裆取值范围规律的思考。

（6）对中裆线（髌骨线）取值规律的思考。

（7）对裤口线取值范围及规律的思考。

第六章 裤子细节结构制板

【学习内容】

（1）裤腰省结构设计原理与纸样绘制方法。

（2）裤腰头结构设计原理与纸样绘制方法。

（3）裤前中心线结构设计原理与纸样绘制方法。

（4）裤后中心线结构设计原理与纸样绘制方法。

（5）裤大小裆结构设计原理与纸样绘制方法。

（6）裤侧缝线结构设计原理与纸样绘制方法。

（7）裤内侧缝线结构设计原理与纸样绘制方法。

（8）裤口结构设计原理与纸样绘制方法。

【学习重点】

（1）理解并熟练掌握裤省、裤腰头、前后中心线、前后侧缝线、大小裆、内侧缝线以及裤口的结构设计原理与纸样绘制方法。

（2）裤子细节结构设计的要点与变化规律。

（3）将细节结构设计规律学透，做到举一反三。

【学习难点】

（1）裤子细节结构制板原理的掌握

（2）裤子细节结构变化规律的掌握。

（3）裤子细节结构制板变化形式的灵活运用。

　　裤子细节结构设计又称裤子的局部结构设计，是将裤子的组成部分分解成相对独立的个体，分别进行结构设计原理的分析与研究。如裤省、裤腰、裤身、裤开口、前后侧缝线、前后中心线、内侧缝线、大小裆以及裤口等结构设计的制板原理与方法。裤省、腰、开口、口袋的结构制板原理与裙子的省、腰、开口、口袋的结构制板原理有着异曲同工之处，但将人体下肢分开的裤腿是前后裆线产生的根本原因，也造就裤子前后中心线造型的根本性区别，因此裤子的裤前、后中心线，前后横裆线，裤侧缝线和内侧缝线等局部结构设计的原理与纸样绘制方法成为本章所讲授的重点。

第一节 裤腰省结构制板

通常意义下的裤腰省不仅具有调节臀、腰尺寸差的作用，而且还拥有塑造裤型的功能，因此裤腰的省量选择与分配在一定程度上有别于一般的省量分配，它不仅要满足臀、腰差大小的变化，而且还要根据臀部的造型、大小决定省量的大小和长短，因此相对来说，裤子的省量在一般的设计意义上有一定的局限性。由于臀凸大于腹凸，因此前身的省量多小于后腰的省量，当然特殊的裤型除外。总之，省量的合理取舍，有助于裤装造型的完善，有助于弥补臀、腰差的不可调和性。省量在裤子结构设计中分有省和无省两种情况。

一、有省

裤子中的有省主要是指位于裤子腰部，同时将臀、腰尺寸差有效收掉的结构线，使裤子在造型上更加接近人体。从三维的人体角度看，人体臀围的凸度大于腹围的造型特点决定了裤省后片大于前片，在此原则上，对人体臀、腹与腰之间的尺寸差的位置、造型、长短、大小进行合理的安排。

（一）省位的设定（图6-1-1～图6-1-4）

在符合裤装结构设计原则的基础上，省位的设定是灵活多变的，并不仅仅拘泥于传统上后片的1/3处和前片的挺缝线处，满足多变的裤装结构设计的变化与新颖，裤省位置的选择会出现或靠近侧缝线或靠近前后中心线等不同形式。当省位发生改变时，省尖的位置也会相应的改变，在一定程度上省突位也许会偏移腹围凸点或臀围的凸点，为了避免造成凸点不在相应位置，且凸量较大的情况发生，此类省量较传统省位的省量要小一些，或进行一定程度的省尖偏移。

(1) 靠近侧缝线的省位见图6-1-1。

(2) 靠近前后中线的省位见图6-1-2。

(3) 分散性省位见图6-1-3。

(4) 不对称省位见图6-1-4。

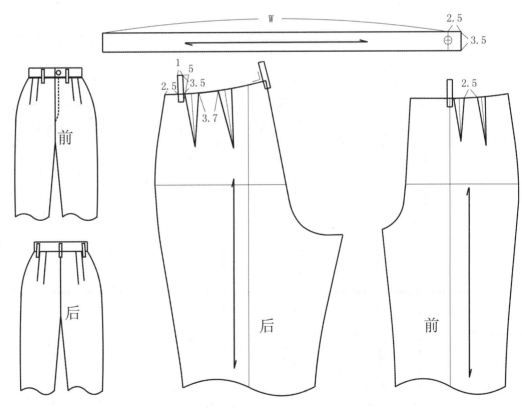

图6-1-1 靠近侧缝线的裤省位

111

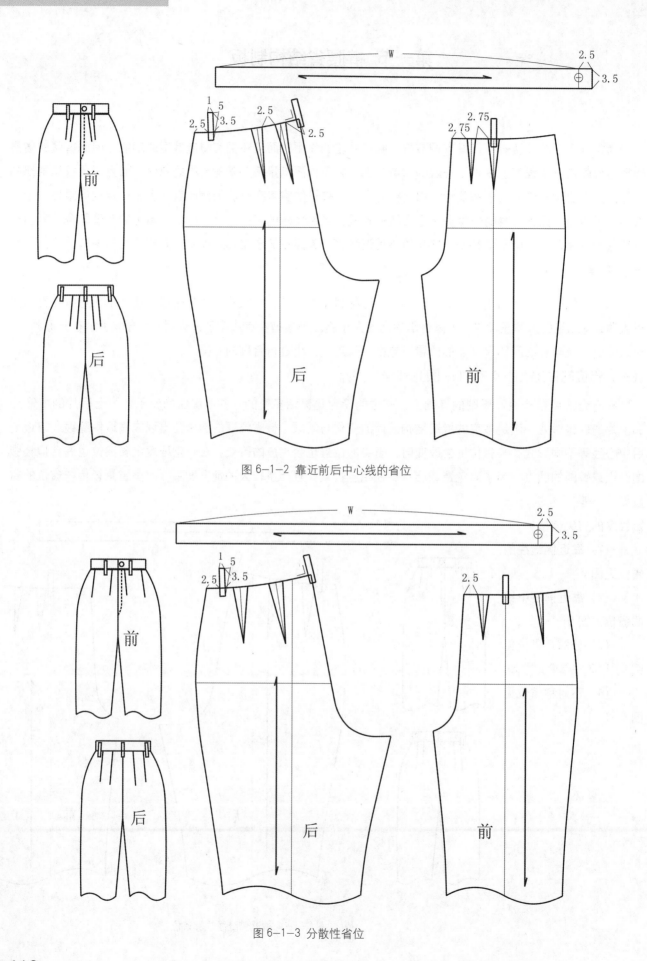

图 6-1-2 靠近前后中心线的省位

图 6-1-3 分散性省位

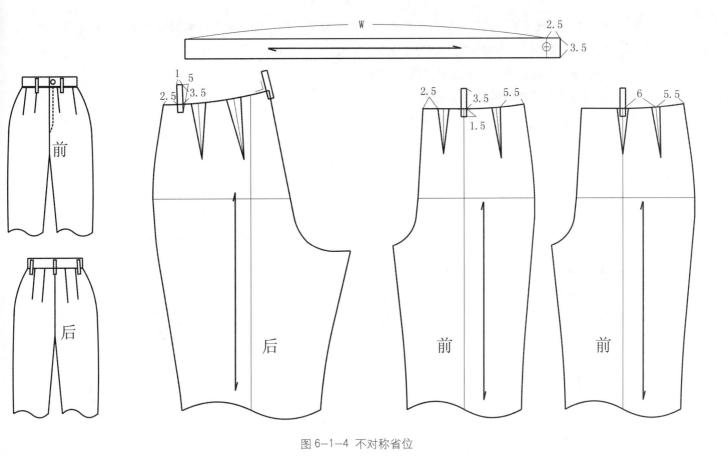

图 6-1-4 不对称省位

（二）省量的大小

省量的大小是由臀围与后腰围、腹围与前腰围的差决定的，两者尺寸差越大，省量越大。反之，则小。但在服装款式求新追异的今天，裤装设计的新颖性并不只体现在裤子的合体度上，省量大小的选择越来越受到突破传统的结构设计理念的影响，高科技的发展也为裤装省量大小的取舍创造了空间，高弹面料的产生为无省的裤装提供了广阔的设计平台，硬挺的合成纤维为裤装的三维效果锦上添花，省量大小的取舍也由此夸张、新奇。整体外观的新颖性、细节设计的多样性、特殊材质的选择性，为裤装结构设计的创新性创造了平台，省量大小设计也成为裤装设计不可或缺的设计焦点。由此可见，裤省量大小不仅仅是由人体造型决定的，而且还受到创新性裤装结构设计的影响和制约，它从根本上决定裤款腰部的肥瘦程度和整体外观的造型。也许它有时会有悖于传统的裤装结构设计，并不以人体的基本形态为省量大小取舍的依据，但其审美性不容小觑。通常情况下，腰省加大的同时，臀围线的宽度应随之加大，但有时由于特殊情况的需要，也会出现臀围合体、腰省加大的情况。当裤子的省量与设计叠加在一起时，省量大小的取舍应以功能性为主。

省量大于臀围与腰围、腹围与腰围差所要减去的尺寸时，省量可以以活褶的形式处理；但特殊的裤型也不完全否定省的形式存在，但由于省量过大会出现省尖凸起的加大，形成新的裤装造型，因此，处理这类裤装造型，应以美观效果为准。

　　所加量长度止点决定不同的裤装形态，具体制板方式有很多种，主要采用以臀围线为止点至裤口线之间的距离的每一个长度都可以作为省量添加的止点位。

　　（1）所加量的长度止点在臀围线处（图6-1-5）。

　　（2）所加量的长度在中裆线处（图6-1-6）。

　　（3）所加量的长度在裤口线等（图6-1-7）。

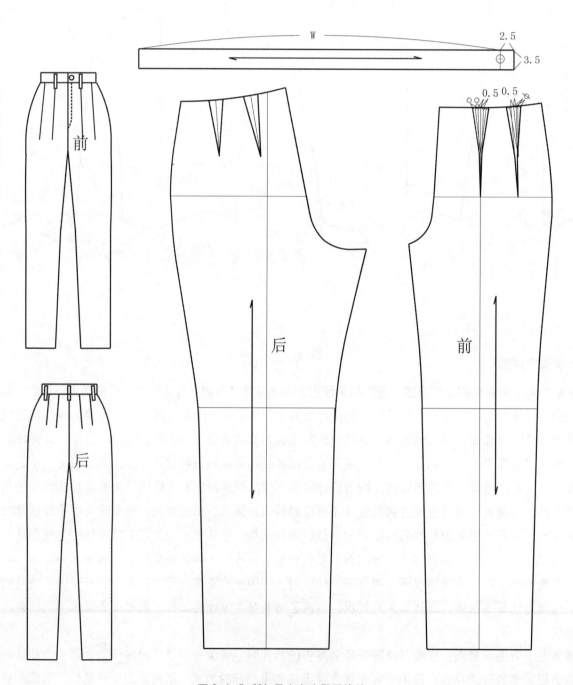

图6-1-5 所加量止点在臀围线处

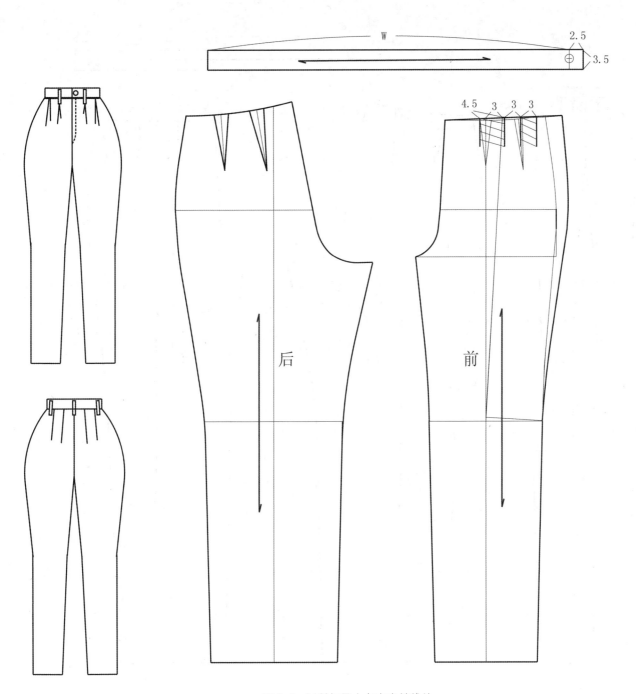

图 6-1-6 所加量止点在中裆线处

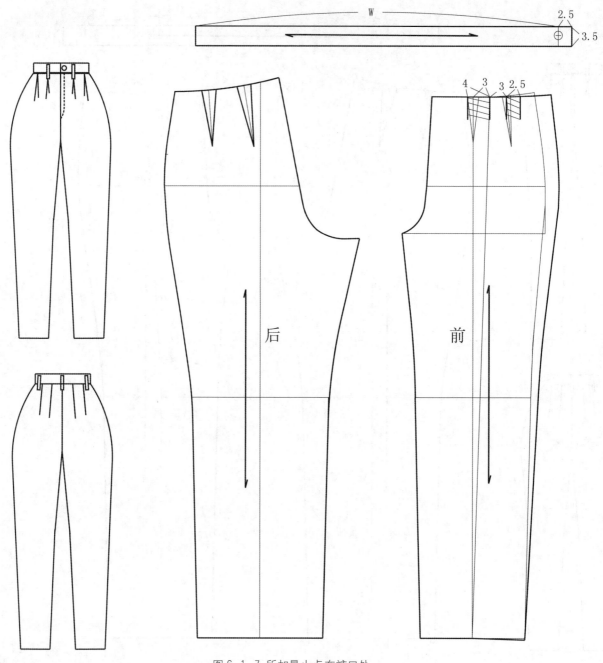

图 6-1-7 所加量止点在裤口处

（三）裤省数量的设定

　　通常情况下，省量的多少是由臀围与腰围的差量决定的，差量大往往需要多个省量分配，以此来避免省量过大造成不必要的省尖凸起度。创新性的裤型省数量不仅仅遵循人体造型，更多从结构设计的角度出发，因此省量的多少已不再只局限于前后四个省的数量原则，无省和多个省量更能符合现代人的审美标准。省量的数量分配一般有两种情况：

　　（1）将正常的臀围和腰围差所形成的省量由原来的 2 个或 4 个，再平均分配成所需要的省的数量（图6-1-8）。

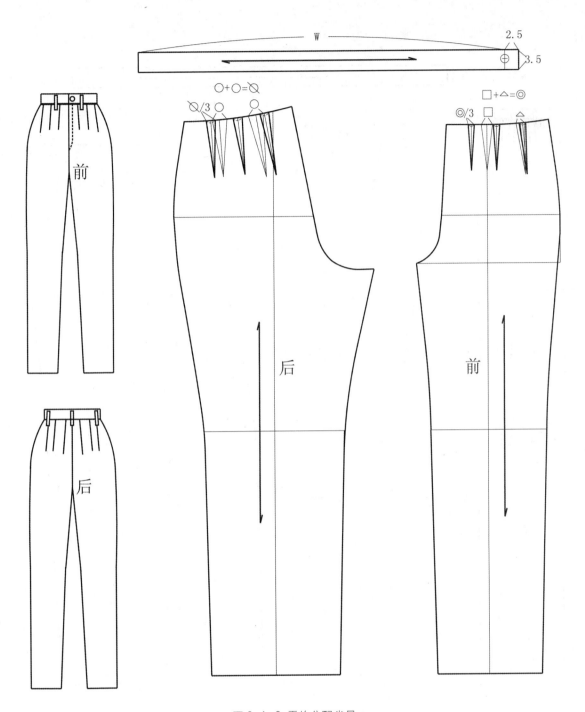

图 6-1-8 平均分配省量

（2）扩大腰围尺寸，再将其分成所需要的省量数，但这种情况往往会增加臀围、腹围或裤腿的肥度。所打开的长度与省量大小取舍的制板方法相同，这里以所打开的长度至裤口为例，打开形式有两种情况，一种为打开尺寸至裤口，但裤口尺寸不变，整体裤型呈锥状造型（图 6-1-9）；另一种为腰围裤口同时打开，使裤子整体造型成筒状（图 6-1-10）。

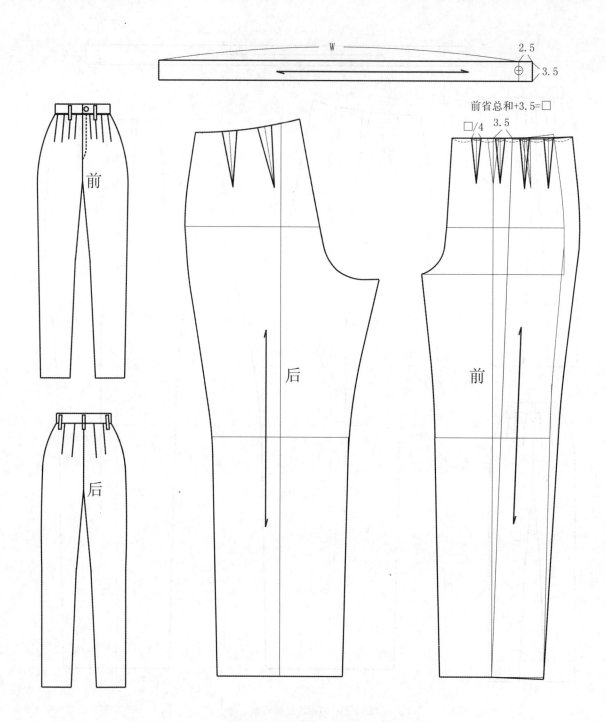

图 6-1-9 省量打开至裤口，裤口不打开

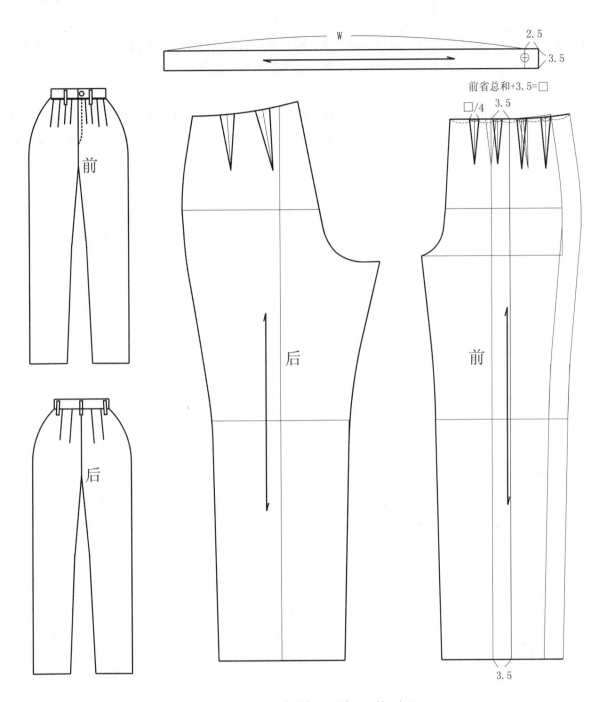

图 6-1-10 省量打开至裤口，裤口打开

（四）裤省尖长短的设定

裤省尖长短的设定有其根本的功能性和审美性，传统的省尖长度设定多以后片不超过臀围以上 5cm、前片不超过腹围为最佳的省尖长度，这种省尖长度的设定既满足了裤子的功能性又符合人体臀腹的凸起造型，由于前后省尖长度分别偏离臀腹凸点一定距离，而使臀腹部的裤子造型舒缓有型。创意性省尖长度的设计从根本上打破了这种传统的结构设计原则，省尖的长短不再受限。长可贯穿整个裤身，当然此时省尖的意义也由原来的结构性转化为装饰性的作用；短的省尖长度也许只有几厘米，它体现的不仅仅是一种功

能性更是一种时尚的文化语言。另外省尖的长短并没有减少或降低臀围与腰围的差量尺寸，它依然存在于裤型的结构设计中，只是在视觉效果上不再是以传统的形态和造型出现而已。

1. 短省

（1）直接减少省尖的长度。通常情况下，短省不能完全将臀围、腹围与腰围的差量消化掉，从结构的角度分析，臀围、腹围与腰围之间的缓冲将不会得到缓解，致使较短省尖的突兀形态明显，常规的裤型通常不会运用此种结构造型来挑战传统意义上的裤装造型，但对于特殊的裤板和特殊形态的裤型来说，这也许是最好的裤装语言形式（图6-1-11）。

（2）通过裤装腰围线的降低产生省尖较短的视觉效果。有时省的长度也会因为腰围下降变短，这种省尖长度在视觉效果上长度变短，但实际的省长度不变。值得注意的是，当腰围线下降时，为增加裤子的合体度，会在下降的腰位线或在前后侧缝线和前后中心线处多收掉一定的尺寸，尺寸的大小应根据实际的测量长度为基准（6-1-12）。

当省尖短至0时，省的性质发生变化，名称也由原来的省转换为活褶。较短的省尖在腰围附近形成较为尖锐的凸起，腹围以上的余量也会因为省尖变短而增大，是特殊裤型省尖长度的选择。

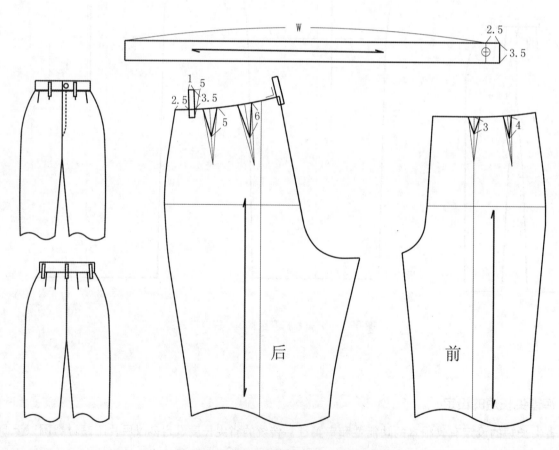

图6-1-11 直接降低省尖长度的短省

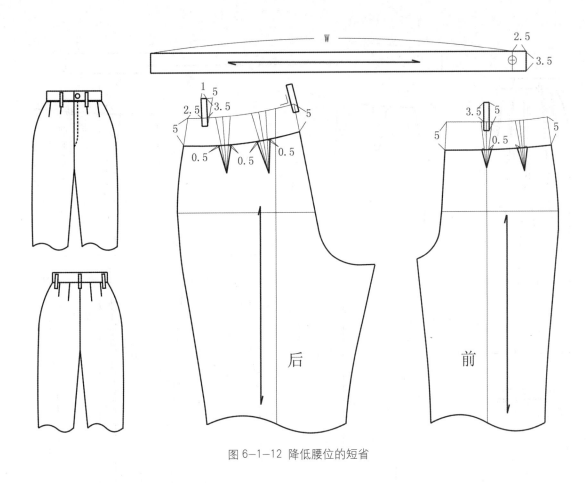

图 6-1-12 降低腰位的短省

2. 长省

通常情况下，省量长度超过传统设定的尺寸会导致裤子臀、腹量的缩小，从而不能满足正常情况下人体的臀、腹量的尺寸，使裤装功能性丧失。因此在特殊的裤装省尖加长时，臀、腹围度要相应地加放尺寸，以弥补省尖过长造成臀、腹损失的尺寸量，所加量的大小要与裤装造型要求相符合，或合体或宽松。当省尖加长到一定程度时，其外观造型有装饰线的外观形态。但值得注意的是，省尖长度的止点部位会形成不必要凸起，凸起量越大，裤型外观受到的影响越大，因此，省尖结束点的尺寸量越小越好。

具体制板方法为：确定省位，并以此为基点确定省尖的长度和造型，用剪刀在纸样上剪至所定的省尖长度，在正常省量大小的基础上再打开相应的量弥补臀、腹损失的尺寸差，重新修正纸样，长省制板完成（图6-1-13）。

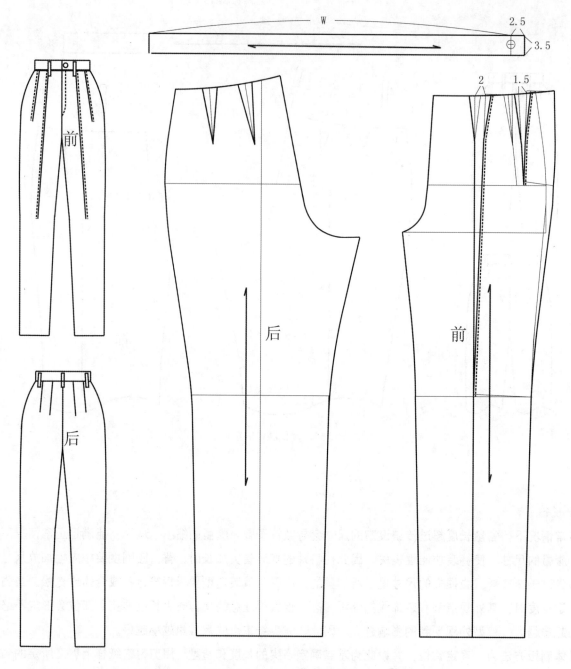

图 6-1-13 长省的制板方法

二、无省

　　省量的出现有效地调节了凹凸有致的人体形态，但某些裤子的款式造型从直观上看不出省量，那么在什么情况下省量可以消失呢？第一种是隐藏省量，也就是通常意义上的省量转移，省量转移的形式多种多样，有在腰、臀或腰、腹之间，有的以拼接线出现，形成育克形式，还有的通过结构线和装饰线的转移。腰位下降也会造成无省现象，这种形式中的省量随着腰节线的下降而被去掉。直接将腰、臀的尺寸差量收于侧缝线处的无省现象虽然在现实生活中出现不多，但在个别的牛仔裤和弹力裤中依然存在，由于没有过多地考虑臀、腹、腰之间的过渡，因此在一定意义上，这种结构造型的腹围和臀围上会有一定的面料压力而产生臀腹紧绷的感觉，这种裤型多用于腰、腹、臀三者之间尺寸差较小的情况。但在臀、腹、腰三者之间的尺寸差较大的情况下必须增加适当的省量来调节三者之间的矛盾关系。

（一） 裤子的省量转移

　　裤子的省量转移与裙子的省量转移基本相同，视觉上省量的不存在，并不代表省量在裤装中的缺失，通常情况下无省裤型在省尖消失的地方有各种形式的结构线出现，省量则通过转移隐藏其中。其形式主要有横向和竖向两种。

　　1. 横向省量转移

　　（1）育克（图6-1-14）。

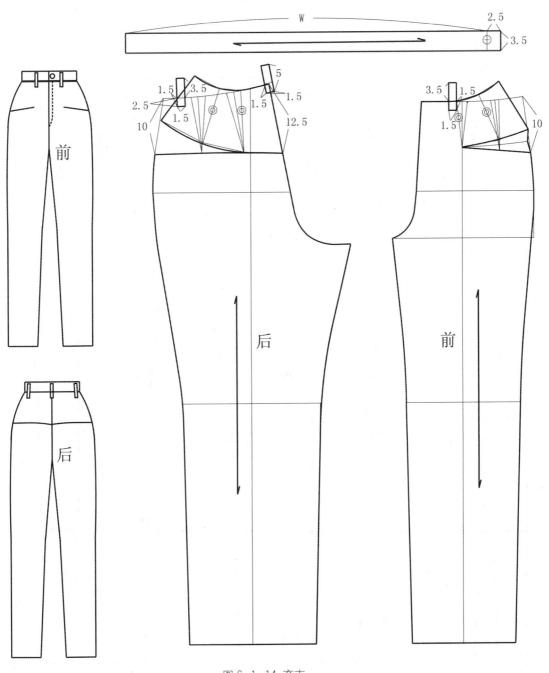

图6-1-14 育克

　　在腰围与臀围之间有一条剪切线，省量隐藏其中，被称为育克。它既具有隐藏省量的作用，又具有美观的效果，它存在于腰、臀和腰、腹之间，位置的设定具有一定的局限性，作为省量转移的依据，剪切线必须经过省尖结束的位置。在遵循育克结构设计原则的基础上，隐藏其中的省量并不妨碍育克造型、位置的变化，或直或弯，或对称或不对称等形式，新颖的育克设计能给人以耳目一新的感觉。制板方法如下：

　　①确定育克位置。育克形成轨迹中的某一点必须经过省尖，其他线段的造型可根据结构设计要求具体设定。

　　②育克形式。育克形式是多种多样的，每一种形式都具有其独特的设计语言，是裤装育克设计的重点。

　　③转移省量。用笔标出育克的位置和具体的育克形态，并用剪刀沿此线剪至省尖处，同时将腰部省量折叠，所剪育克打开，重新修正裤腰线和育克打开量的造型。由此育克的省量转移完成。

　　（2）一般横向省量转移（图6-1-15）。

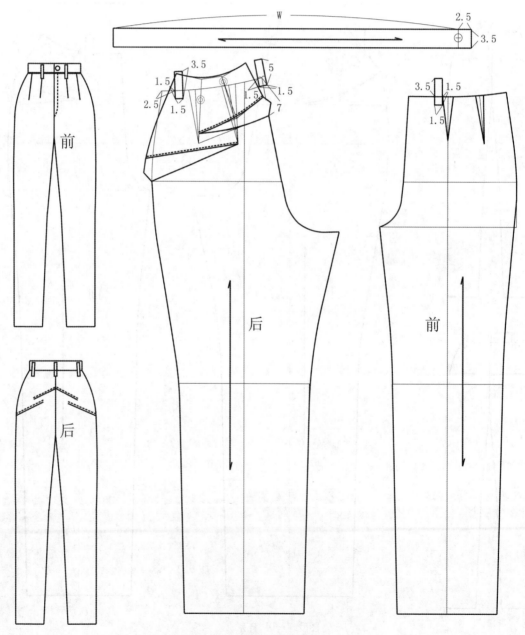

图6-1-15 一般横向省量转移

　　这种类型的横向省量转移在腰围与臀围之间不一定有剪切线的存在，而是以横向省量的形式出现，省量转移的过程中会出现不同的情况，面对较为复杂的省量转移应采用多种转移方法，如图6-1-15的省量转移，由于2个省量的省尖上下有所交错，每一个省量应转移至横线与省尖的交汇处，第一个横向结构线交于靠近后侧缝线的第一个省，同时又贯穿后腰围的第二个省，这样就会造成上下横向结构线省量转移的问题。因此第一个横向结构线在转移靠近后侧缝线省份的同时，也将第二个省的部分省份进行转移；下面的横向结构线将上面横向结构线没有完全转移掉的省份再进行转移，才能将省量完整地转移。

　　2. 裤子斜向省量转移（图6-1-16）

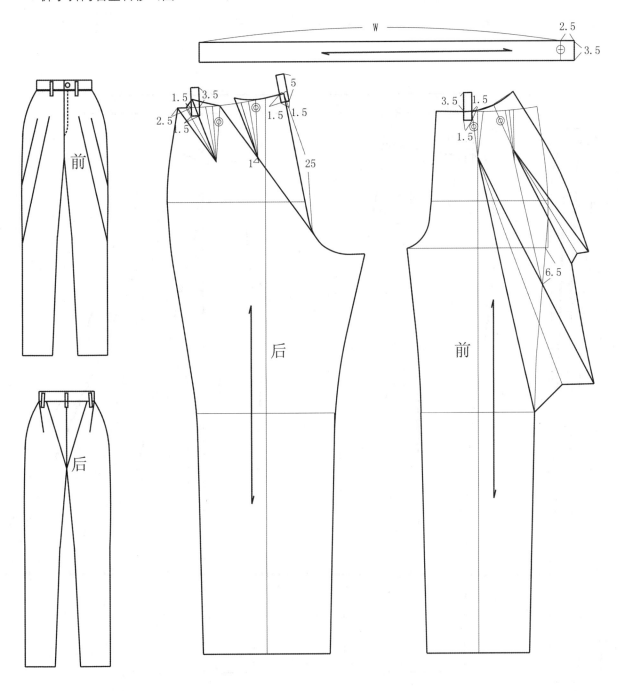

图6-1-16 斜向省量转移

　　斜向省量转移的位置相对于育克来讲更加灵活，它不仅仅存在于腰、臀和腰、腹之间，其位置是随意的，装饰性与功能性兼具，且以装饰性为主。起点的位置可根据设计的要求选取任意一点，但必须以省尖止点为结束点。它的形式也是不拘一格，或断开或不断开，或直或弯，或对称或不对称等等，制板方法与育克相同。

　　3. 裤子竖向省量转移

　　（1）有结构线的竖向省量转移（图 6-1-17）：裤子中的竖向省量转移是指以前后裤省尖的结束点为基点向下延伸的一种线段形式，线段的长短形状设计多样，形成一种特殊的结构造型。省量隐含其中，只是在外观上无法觉察省量的存在。制板方式如下：

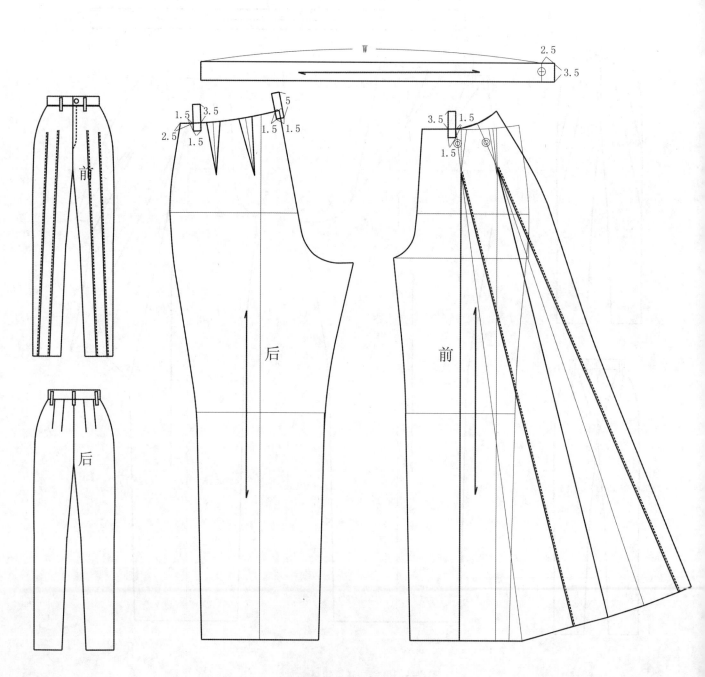

图 6-1-17 有结构线的竖向省量转移

①确定竖线的位置。根据设计需要确定竖线在裤口线上。

②确定竖线的长度。竖线的长度不限，最长可贯穿整个裤身与裤口相交。

③确定竖线的造型。造型的确定也是变化无穷，可依据创新性的原则来完成竖线省量的造型，或直或弯，或对称或不对称的结构形态。

（2）无结构线的竖向省量转移（图6-1-18）：无结构线的省量转移，顾名思义，裤子在视觉效果上没有任何省量以及隐藏省量的剪切线出现，但这并不代表没有省量，它不同于无省裤型结构设计，而是将腰省通过裤口的打开将其转移其中，根据省量转移必须与省尖对准的原则，使该裤型的结构造型在一定程度上加大了臀围与腹围的尺寸，而且将省量转移到裤口处，也使裤口肥度相对增加，成为宽松裤的一种形式。制板方式如下：

①省量确定。按传统的裤型设定省量的位置及大小。

②省量转移。在裤口基线上与省尖相对应的地方画直线，用剪刀按照此线剪切至省尖位，同时将腰省折叠，裤口打开。

③修顺腰围线、裤口线和侧缝线。腰围线和裤口线在转移省量以后造型上有所变化，应在此基础上进行曲线修正与完善；侧缝线则以臀围线为基点直线连接打开的裤口线，内侧缝线可根据具体要求，直线修顺或保持原有的内侧缝线的形态。

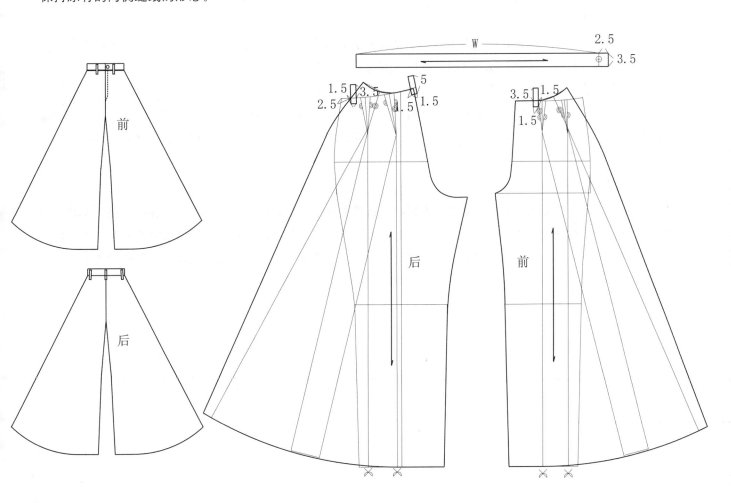

图6-1-18 无结构线的竖向省量转移

（二）无省

无省裤装结构设计不仅仅只满足于视觉上的无省造型，而是确实没有省量的存在，因为它忽略了臀、腹、腰三者之间的尺寸差，在理论上似乎行不通，但这类裤型确实存在，如牛仔裤、紧身裤等。当然这类裤型的存在有众多的支撑因素，如面料、体型、裤型等。牛仔面料虽然对人体具有一定的挤压作用，但它的不易变形性从根本上改变了腰、腹、臀三者之间的尺寸差距，而弹力面料的伸缩性也在一定程度上弥补了臀、腹、腰三者之间尺寸差的不可调和性，致使无省裤装造型成为可能；拥有臀、腹、腰三者较小的尺寸差的体型对裤装省量的要求并不是很高。反之则需要省量的出现。中腰、低腰裤型也从另一个角度诠释了无省裤装的存在意义，由于裤腰围线的下降使原本存在于腰臀、腰腹之间的省量被剪切掉一部分甚至全部剪切掉，从而产生无省现象，具体的制板方法如下：

1. 正常腰位的无省（图 6-1-19）

取臀围宽加一定放松量，按照裤子原型的制板方法，在后中心线和前中心线上向侧缝线处取 W/4 的长度，直线连接臀围至腰围，并在此直线的基础上胖式画顺，完成裤型臀围线以上的侧缝线，此类裤型适合臀围与腰围差较小的人体造型，同时由于臀围差与腰围差不能通过省的形式得到合理释放，人体从臀围至腰部处都有一定程度上的面料拉伸，因此此种裤型在面料选择上有较强的局限性，一般多选择具有一定弹力的面料或有较强抗拉伸作用的牛仔面料。切记不可选择垂性较强或没有弹力的薄型面料，以免裤型在人体外力的作用下产生变形的现象。

以 W=74cm，H=90cm 的尺寸为例，由于臀围与腰围差相对较小，所以在结构制板时可以采用不用省量的形式，直接将臀围与腰围差收到侧缝线即可，同时将前后侧缝线胖式画顺。

2. 中低腰无省（图 6-1-20）

中低腰的无省制板原理与中腰无省的制板相同，只是由于腰节线的降低，在一定程度上缓解了臀围与腰围差造成的面料拉伸，同时侧缝线的胖式画顺也具有缓冲臀围与腰围差的尺寸，但胖式画顺的线迹应根据人体造型来确定。

3. 低腰无省（图 6-1-21）

当裤子的腰节线降低到一定程度时，省量基本被低腰修掉，所剩的少量省量可归于侧缝线处，同时由于裤子低腰会造成裤子在穿着时的下滑现象，因此，低腰裤制板时可在侧缝线处适量增加收缩的量，使低腰的裤腰部尺寸小于所处的人体部位尺寸，增加裤型对人体的收缩作用，从而获得合体不下滑的理想裤型。

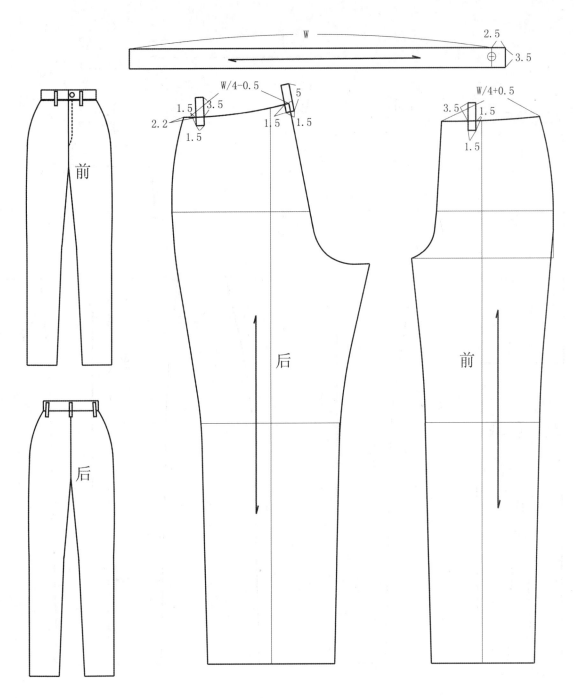

图 6-1-19 正常腰位的无省

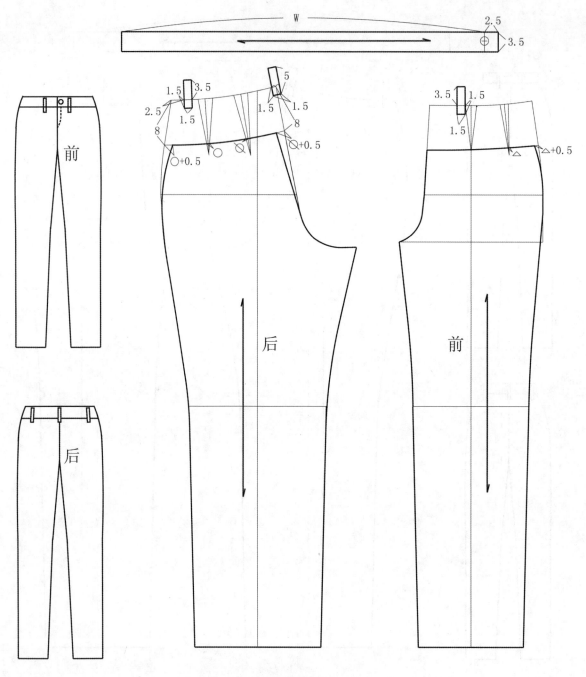

图 6-1-20 中低腰无省

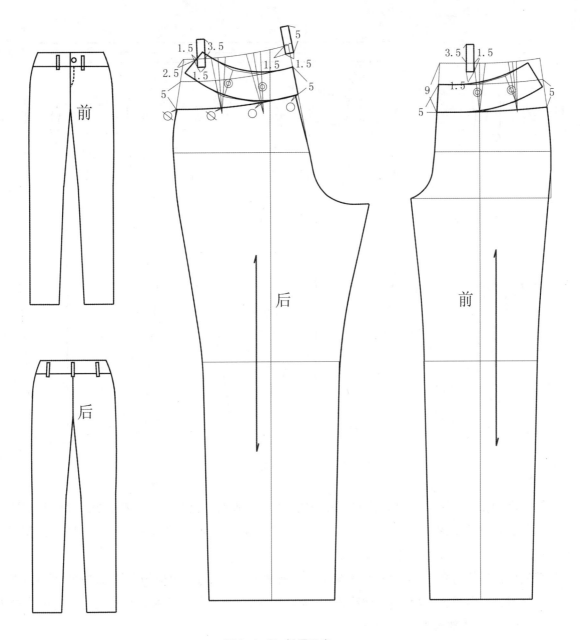

图 6-1-21 低腰无省

第二节 裤腰头结构制板

裤腰头与裙腰头的性质相同，都具有连接和固定主体裤身的作用，裤腰在裤装设计中具有举足轻重的地位，合理的裤腰结构设计，不仅能提高裤装的舒适性、功能性，而且有很强的审美性。按其形态可分为高腰、中高腰、中腰、中低腰、低腰；按其工艺可分为连体腰和分体腰。

一、按腰头形态分（图 6-2-1）

（一）高腰

高腰是指明显高过自然腰节线位置的裤装造型，现代一般指腰节线以上 3cm 的位置或是更高，以胸围

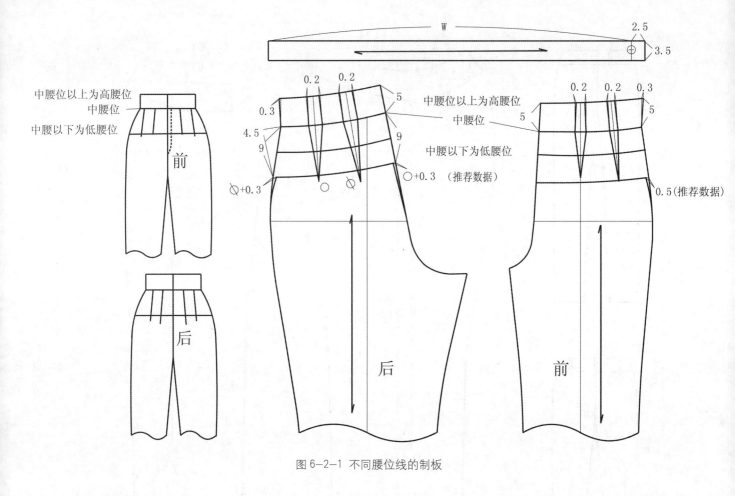

图 6-2-1 不同腰位线的制板

下线为裤腰高度的底线，在此区间所设定的裤腰高度都属于高腰裤的范围之内。若高度上超过高腰裤的上升底线，其裤装的着装性质发生根本性变化，名称也由原来的高腰裤转变为连身裤。反之，低于正常腰际线的裤腰，则属于低腰裤。制板方法与技巧如下：

（1）确定腰位线的高度。在原型裤的基础上上升所需尺寸，尺寸大小应根据款式的具体要求来确定。

（2）确定尺寸。测量上升后尺寸所涉及的人体实际围度，一般情况下所设定的尺寸在净尺寸的基础上减 0.5～1.5cm，使高腰部与人体紧密结合。

（3）制板。在前、后侧缝线和前、后中心线上分别作腰围辅助线的垂直线，长度为腰高，腰高的上围线为人体实际尺寸减 0.5～1.5cm。

（二）实际腰

实际腰主要是指人体腰部最细处，以人体的肘关节所抵人体腰部为基准，是最常见的一种腰高形式。

（三）中腰

中腰是裤装中运用较多的一种腰位形式，一般低于实际腰围一定的尺寸。

（三）中低腰

裤装中的中低腰是指比中腰低，但又高于低腰的一种形式，其高度多在腹围以上 2～3cm 处，其结构形态既打破了传统腰围线的拘谨，又有一点低腰裤的活泼与洒脱，是现代流行较广的一种裤型结构。

（1）确定腰线位置。在原型裤的前、后侧缝线和前、后中心线上向下测量一定数据，如向下取 5cm，确定裤子的中腰部位。

　　（2）省量的处理。将所剩下的原省量保留，这样中腰裤就会有小的省尖出现。或将所剩的省份归到侧缝线处，形成无省现象。

（四）低腰

　　低腰裤初现于牛仔装中，其妖娆的造型曾风靡一时，并且几乎覆盖了整个休闲装的领域，现在最为流行的前卫裤型，裤腰低至胯骨以下，超越了低腰裤的极限。

　　传统的低腰是指裤腰在肚脐以下，以人体的胯骨为主要基点的裤装造型，低腰的设定有一定的尺寸限制，多以不超过腹围线为基准，当然低于腹围线的低腰裤在现实生活中也非常多。考虑到腰围线下降而造成裤身与人体附着率的下降，因此低腰围度相对实际人体的围度要小 1 ～ 2cm 左右，通常采用带子系扎、背带的形式增强裤子的合体性。制板方法同于中腰裤。

二、按腰头与裤身的关系分（图 6-2-2）

　　裤腰按其工艺又可分为连体腰和分体腰，它与裤腰的高低无关，腰头与裤身是否存在剪切线为其划分依据，通常情况下把没有腰头的裤型称之为连体腰裤型，有腰头的裤子称之为分体腰裤型。

（一）连体腰裤型

　　连体腰裤型因腰与裤身无分割线，从而造成直观上腰头的缺失，但其中却含有腰头的作用，连体腰出现在不同腰线高度的裤型。由于制板过程中腰头与裤身剪切线的缺失，使连体腰裤型的腰部余量不能随意收掉，因此不能形成没有拼接线的完整造型。连体腰按其形态又可分为高、中、低三种。在没有腰头的情况下，中腰和低腰的制板形式简单明了，通过工艺上对省量的辑缝来完成，可归类为无腰头裤型的一种。而高腰形式的连体腰制板则需要有一定结构制板上的变化。

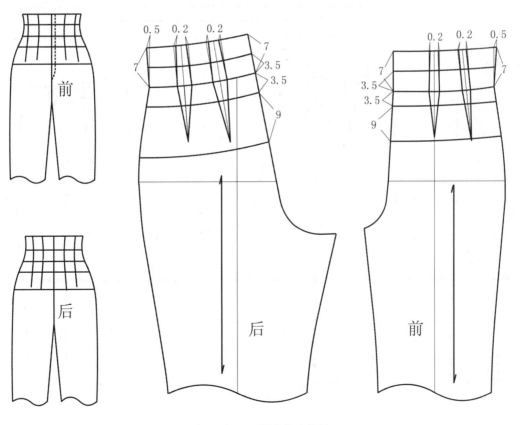

图 6-2-2 不同腰高的连体腰

（二）分体腰裤型

有腰头的裤型称之为分体腰，由于腰头与裤身分开裁剪，避免了腰省造成腰头竖向拼接线的现象，因此分体腰的腰头一般情况下无竖向拼接线，但与裤身连接处有横向拼接线。制板方法一般有两种情况：一种是在裤板上直接进行腰头的结构设计，为迎合裤身腰省，腰头在制板过程中将会出现省量，但在纸样修正的过程中可以将其收掉，从而形成完整的腰头，如图6-2-4和图6-2-5；另一种是脱离裤身的腰头结构设计，单独进行腰头结构设计与制板，制板过程中，将腰围尺寸作为腰头的长度，同时加1.5～2cm的叠门量，宽度应根据设计所需尺寸确定，这种腰头的制板简单明了，是常用的制板方式之一（图6-2-3）。分体腰头根据其造型又可分为宽、窄、无腰头三种形式。

1. 腰头类型

（1）宽腰头：宽腰头是指与裤身分离的腰头在宽度上超出传统3～5cm腰头的宽度，高度以不超过胸围底线为界限，由于其高度的增加，使其在一定程度上与人体胸围线以下的躯干产生直接联系，其制板与连体高腰裤型制板方式相同，而不同点在于腰与裤身是否有拼接线的存在。制板方式有四种情况：

①直角腰头。此类腰头在制板过程中不依靠裤身独立制板，取腰头宽度和人体腰围的实际长度作长方形，同时加上叠门量。这种形式的腰头制板，只在腰头相对不是很宽的情况下进行，当腰头宽度超过5cm以上时，就要考虑人体与腰头上围线之间的关系，因为随着尺寸的升高，腰围上围线与腰围的差会逐渐增加，而直角腰头的上腰围线会小于高腰处人体的实际尺寸，从而造成不合理现象（图6-2-3）。

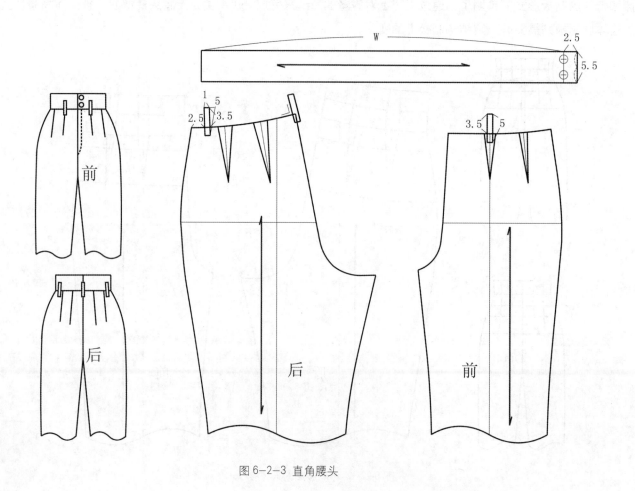

图6-2-3 直角腰头

②中腰位宽腰头。制板中先确定腰头宽度，腰头上围线与人体实际围度相等作出高腰造型，然后将高腰中存在的省量采用纸样处理的形式完成，这样所形成的高腰无竖向拼接线。此种做法可有效地将腰围与腰头上围线的差合理地处理掉，从而避免造成腰头过高产生的尺寸差过大的现象（图6-2-4）。

③中低腰位处宽腰头。此位置的腰头因为牵扯到中低腰位、中腰位和高腰位三个不同的腰位，臀、腹、腰三者之间的尺寸差无法有效地进行纸样处理，从而造成竖向拼接线的形成（图6-2-5）。

④低腰位处宽腰头。以低腰位为基线所作的宽腰头，若结束点在中腰位以下，制板过程中可将省量巧妙地在宽腰头中收掉，从而形成完整的腰头形式。当腰围的结束点在中腰位以上时，腰围与臀围之间、腰围与腰围以上之间的尺寸差不能合理地收掉，就会出现竖向拼接线的宽腰头形式（图6-2-6）。

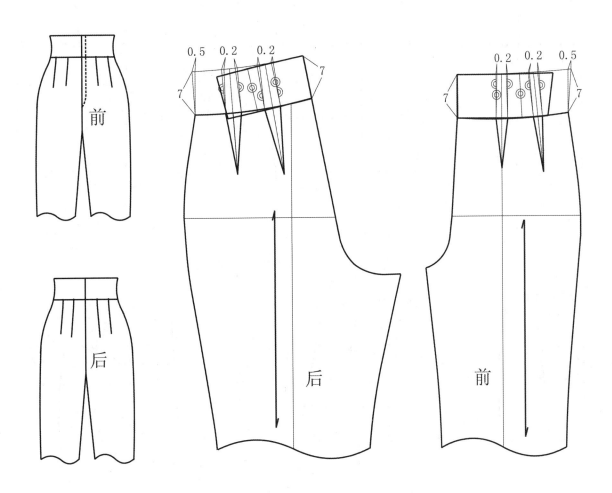

图6-2-4 中腰位宽腰头

图 6-2-5 中低腰位宽腰头

图 6-2-6 低腰位宽腰头

（2）窄腰头（图6-2-7）：3cm以下的腰头属于窄腰头，这类腰头很少出现在高腰裤型中，而在中、低腰的裤型中较为常见，其形式精巧细致，耐人寻味。制板方法分独立制板和连体制板两种形式。

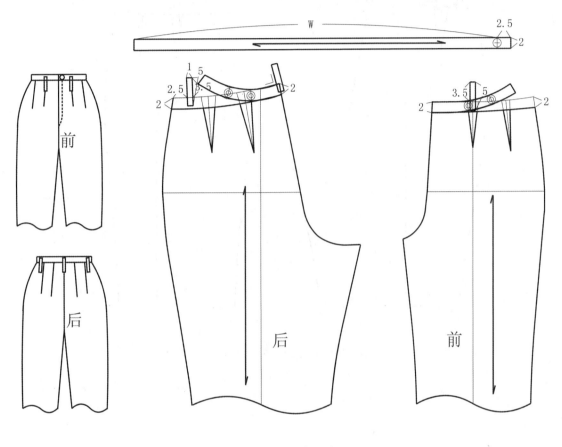

图6-2-7 分体窄腰头

（3）无腰头：无腰头的裤型设计不同于连体腰的结构设计，它多用在中、低腰的裤型中，在没有腰头的情况下，可以用45°角的斜料进行工艺上的缝制与包边。

2. 裤腰头点、线、面的结构设计与变化（图6-2-8）

单独将裤腰头作为裤子的一个零部件拿出来进行分析，不难看出其独立性的特点，它是由上、下围线、后中心线以及叠门四部分组成，不同形式线的围绕形成裤腰头面的存在，它们在结构设计上相互协调，共同完善腰头的造型。裤腰头的上、下围线是指腰头的上下外轮廓线，上围线在形态上或直或曲，或对称或不对称，但腰头下围线由于与裤身相衔接，因此必须迎合裤身腰围线的变化。腰头叠门线较短，变化范围不大。

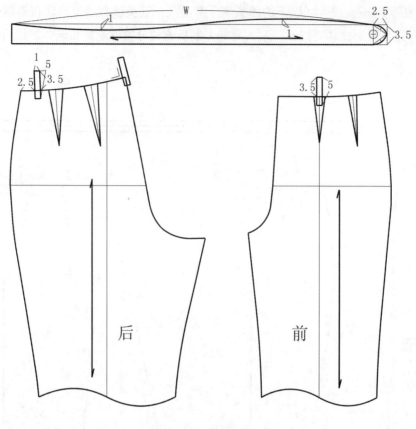

图 6-2-8 裤腰头点、线、面的结构设计与变化

第三节 裤前中心线与裤开门结构制板

　　由于裤腿处结构的分开，裤前中心线成为必然存在的结构线，根据人体腰、腹差的大小，前中心线有一定的倾斜度（在腰围辅助线和前中心线的辅助线交点约向里进 1～1.5cm 之间），它受众多因素的影响，腰、腹差的大小是前中心线倾斜度的根本原因，再者，裤子的造型也起到关键作用，一般情况下，收身的裤型前中心线倾斜度大于宽松的裤型。

　　前中心线的存在不仅仅服务于裤小裆的绘制，裤开门也借助于这条线使裤型趋向于舒适与洒脱。由于其功能性在裤原型制板时已有详细讲述，在此不再赘述。本章着重讲解作为结构线的裤中心线的位置、造型上的变化，同时将融入前中心线的裤开门的功能性和审美性进行详细讲解。当前中心线和裤开门结合在一起时，其位置、造型等方面的变化是一致的。

一、裤前中心线

（一）裤前中心线的位置变化（图 6-3-1）

　　前中心线位置上的左右移动只局限于臀围线以上的部分，小裆弧线不能随前中线的移动而移动，从而丧失其功能性，前中心线移动时应遵循形式上的审美性和工艺上的可实施性，有时可以与腰省相结合，将省量隐藏其中，使其具有双重功能性。

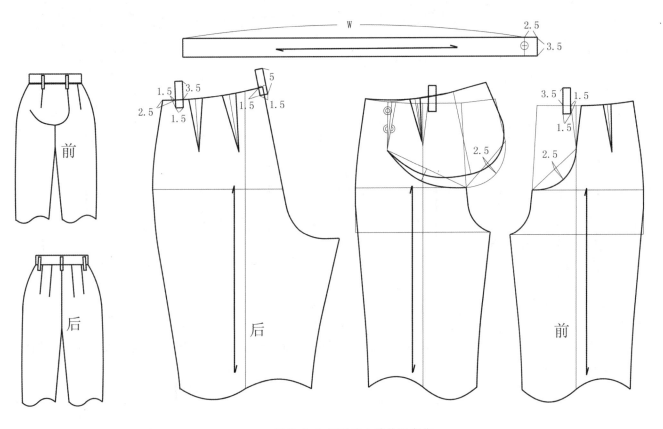

图 6-3-1 裤前中心线位置变化

（二）裤前中心线的造型变化（图 6-3-2）

裤前中心线的造型变化形式多样，但由于前中心线具有一定的倾斜度，造型独特的裤前中心线在左右衔接上的制板将有一定的难度，因此前中心线在结构变化之前，先将左右的前中心线对齐，然后再进行造型上的取舍，以免造成与设计效果相违背的结构制板。

二、裤开门的造型

省量在一定程度上满足了裤装与人体的合体度，但也限制了穿脱的便利性，因此，需要裤开门的出现来满足既合体又具有功能性的特点。裤开门由于横裆的出现，致使裤开口长度不宜过长。传统意义上裤开门的变化并不是很大，而主要结构设计原则是满足功能性条件的前提下进行位置上的选择和造型上的变化。

（一）裤开门的位置变化

由于款式、面料的不同，对裤开门的位置要求也不同。一般情况薄型面料多选择侧开门和后开门，硬挺厚实的面料多选择前开门的形式。款式设计不同也是裤开门位置变化的另一个因素，或前中心线、或后中心线、或侧缝线、或裤腰处的任何一个地方都可以作为裤开门的位置选择。裤开门的位置在一定程度上体现了裤型的风格，侧开门传统、大方，后开门严谨、淑女，前开门则活泼、休闲、放松，有别于这三种形式的裤开门则多体现出新颖、个性的款式造型。就裤开门的造型来讲，可分为传统与非传统两种形式，传统的裤开

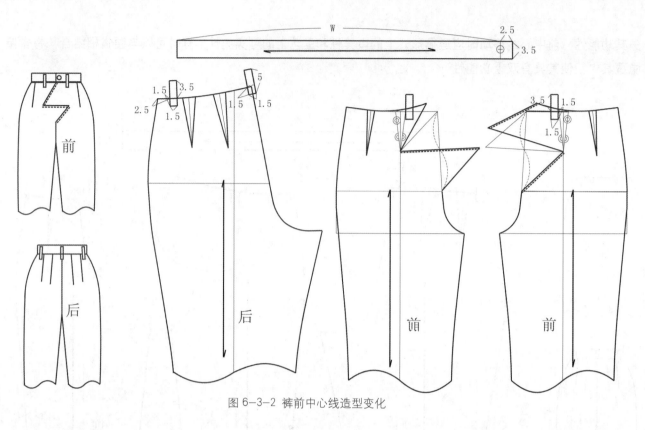

图 6-3-2 裤前中心线造型变化

门以直线造型为主（图 6-3-3）。而非传统的裤开门则在位置、造型上进行创新性变化，使整个裤装焕然一新（图 6-3-4）。

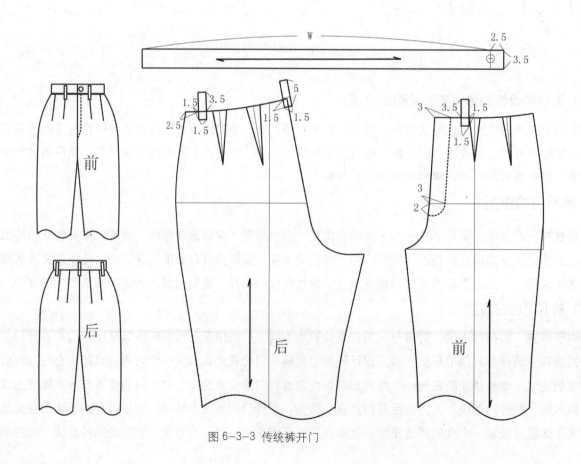

图 6-3-3 传统裤开门

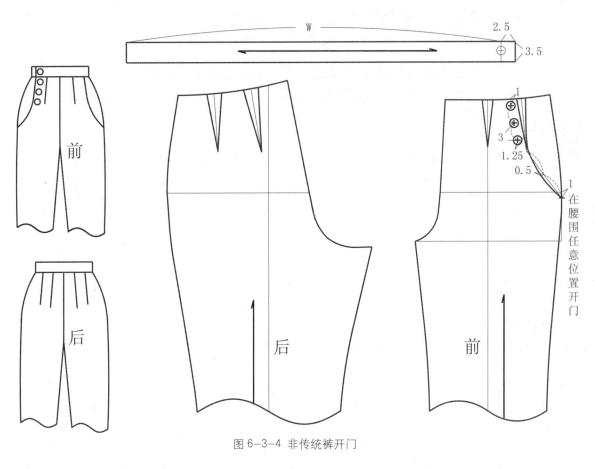

图 6-3-4 非传统裤开门

二、裤开门的造型（图 6-3-5、图 6-3-6）

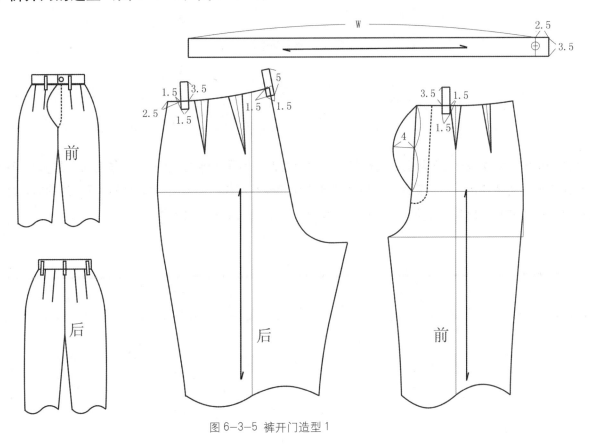

图 6-3-5 裤开门造型 1

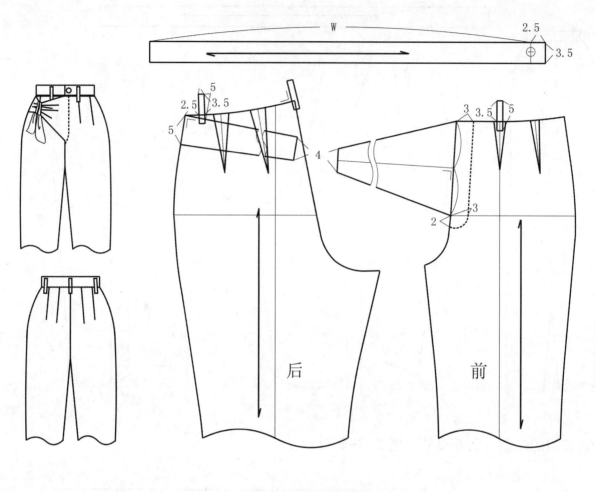

图 6-3-6 裤开门造型 2

　　裤开门造型的结构设计，实际上就是裤前中心线造型设计的另一种表达方式。传统意义上的裤开门形式，多选择简洁概括的直线条，但日新月异的服装款式变化使裤开门作为细节设计成为设计师关注的内容之一，或曲或直、或不对称等形式层出不穷，但所有的变化应以裤装的功能性为原则。

第四节 裤后中心线结构制板

　　大小裆的出现使裤、裙款式造型及功能彻底区别开来，后中心线成为裤装的必要构件，传统意义上的后中心线具有收取一部分臀围与腰围差量的作用，同时后中心线的倾斜度在一定程度上解决了人体后腰中线至臀部的倾斜角度，使裤型更加趋向于合体。因此，后中心线的斜度多根据人体臀部的大小和造型来设定。

　　后中心线的结构制板主要从裤子的功能性和审美性2个方面入手。后中心线的功能性主要是指后中心线的起翘度与后中心线的斜度2个方面，这2个方面的制板是否准确，直接影响到裤子的实用功能，因此其结构设计较为严格；而后中心线的审美性主要是指在满足裤型功能性的前提下所进行的造型上的改变与创新，是裤型细节设计的重要组成部分。

一、后中心线的功能性结构制板原理与技巧（图6-4-1～图6-4-3）

　　裤子后中心线的功能性主要受后中心线的起翘度、斜度的影响，同时后裆弯线在一定程度上也对后中心线的功能性起到制约作用，人体臀部的大小、人体的活动量以及不同的裤型决定了三者之间相辅相成、缺一不可的合作关系。

　　（1）臀部大小决定后起翘、斜度、后裆弯线的尺寸：由于裤子横裆将人体两腿分开，使人体在活动时臀部的凸起造成面料的拉伸，即当人体下蹲时，后中心线受力于横裆的牵制而造成后中心线的下移，若没有足够后起翘量，则会出现露怯现象。抛开特殊的裤型和面料的影响，人体臀大肌的大小和造型在一定意义上决定了后中心线的起翘、斜度和后裆弯线的宽度。并使三者之间呈正比的形式存在。即当臀大肌的围度和挺度增加时，后中心线的起翘增加、后中心线的斜度增加以及后裆宽度增加；反之则减少。

　　（2）人体活动量的大小决定后起翘、斜度、后裆弯线的尺寸：人体在日常生活中的活动量并不会加大后起翘的尺寸大小，但当人体在做一些特殊的运动时，为了解除裤型结构使面料对人体的阻碍，而多采用加长后中心线长度和适当加宽后裆弯线长度的方法来满足人体较大的活动量，当然特殊的面料也可以弥补结构上对人体活动的阻碍。

　　（3）不同裤型决定后起翘、斜度、后裆弯线尺寸的大小：后起翘加大的同时，整体裤型也发生根本性的变化。一般情况下，后起翘加大，臀围肥度增加、后裆弯加宽以及后中心线斜度减小。按其肥瘦形态可分为紧身裤、合体裤、较宽松裤和宽松裤等几种形式。

　　（4）后中心线的倾斜角度在15：2、15：2.5、15：3、15：3.5区间取舍，裤型合体度越大，后中心线倾斜的角度越大，反之则越小。当然当裤型宽松到一定程度时（如裙裤），后中线的倾斜角度将会趋于消失。

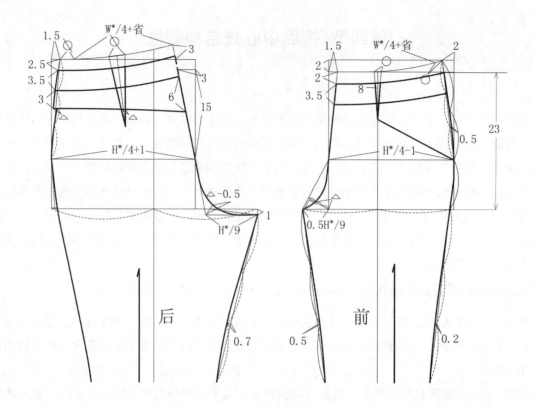

图 6-4-1 紧身裤后中心线的起翘与斜度

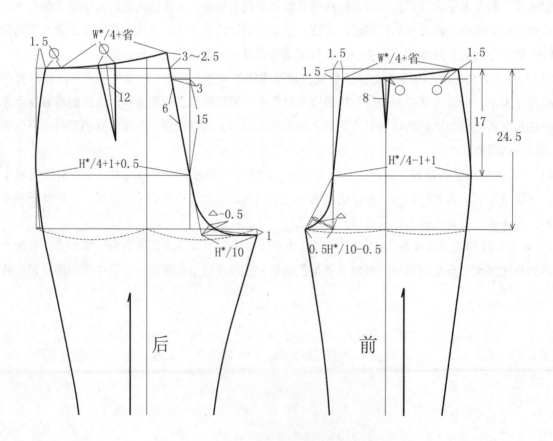

图 6-4-2 合体裤后中心线的起翘与斜度

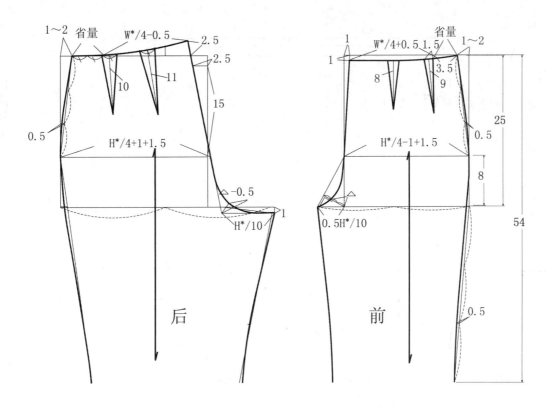

图6-4-3 宽松裤后中心线的起翘与斜度

二、后中心线的位置和造型变化

（1）后中心线的位置变化（图6-4-4）：后中心线位置与人体臀部的后中心线相吻合，传统后中心线的位置不会发生很大的改变，但在求新追异的今天，后中心线作为裤子的细节设计越来越受到设计师的青睐，在传统裤型基础上，将后中心线向左或向右移动，不仅仅是裤型后中心线的改观，更多的是个性裤型的体现。但在进行后中心线的位置变化时，应注意后裤片中心线处左右裤片的造型走向。制板时最好将裤后片的中心线对齐，再进行造型上的设计与变化。

（2）后中心线的造型变化（图6-4-5）：后中心线的造型变化多种多样，或曲或直，或对称或不对称，形态各异的后中心线造型为裤子的创新性设计增色不少。

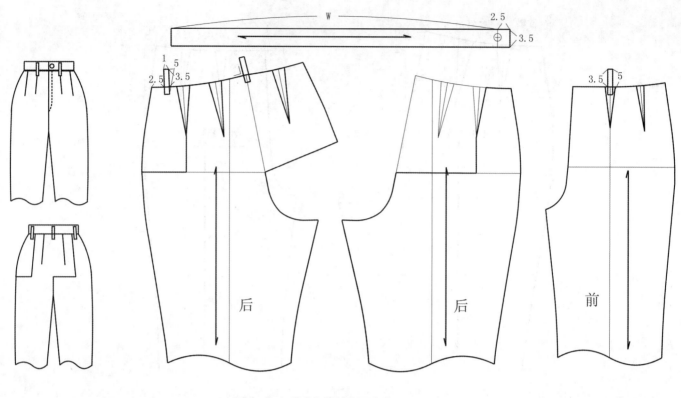

图6-4-4 后中心线的位置变化

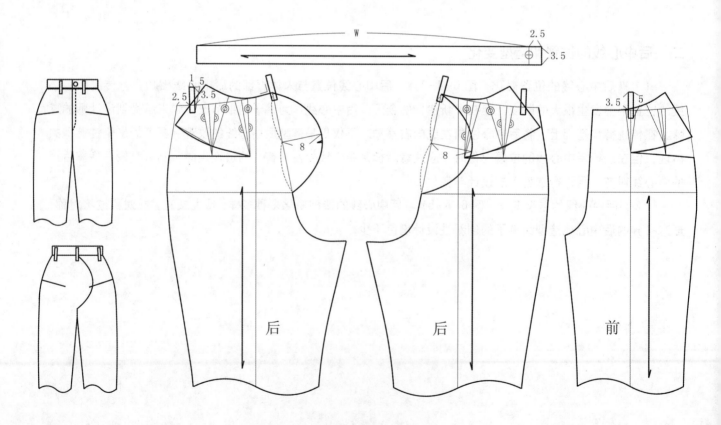

图6-4-5 后中心线的造型变化

第五节 大裆与小裆结构制板

一、前后裆的长度差（图6-5-1）

前后裆的长度差决定了裤型前后片吻合点的位置，或前或后。过大或过小的前后裆在一定程度上会影响人体裆部的舒适性和内侧缝线的位置。

二、前后裆的长度变化

一般情况下，大裆与小裆的长度根据人体臀围的大小而进行适当的大小变化，但特殊的裤型也会相应地改变大裆和小裆的长度。如裙裤的大小裆的长度与裤子的大小裆有明显的差别，相对来说大裆和小裆都较长，且大小裆之间的差不大；又如紧身牛仔裤的大小裆相对而言较短。

三、前后裆深的尺寸设定

前、后裆深决定了裤子的功能性，通常情况下，裤子的裆深是人体腰部到臀股沟的距离，即股上长的尺寸。当特殊的裤型结构设计需要将裆深加大时，裤型应在裆深以上随之加肥，以弥补裤裆加深对裤型功能性的限制，如拉裆裤。当裆深超过髌骨线时，裤子功能性减弱，从而妨碍人体正常活动。

四、前后裆深度差（图6-5-1）

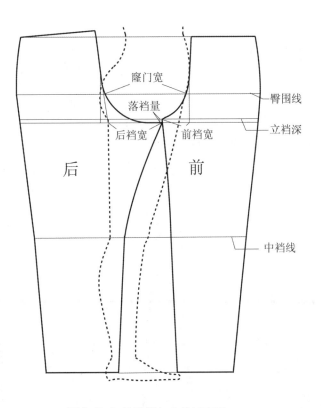

图6-5-1 前后裆与人体示意图

后裆深度在前裆深的基础上下降0.5～1.5cm的推荐数据，是由裤腿的肥瘦程度和大小裆的宽度决定的，由于后裤片的后裆大于前裆，因此在较瘦裤腿的影响下，前裆与中裆的曲线连接必然长于前裆与中裆连接的长度，通过尺寸下降来弥补裤子前后内侧缝线之间的长度差，当前后内侧缝线等长时，可无需下降任何尺寸（如裤子的大小裆与裤口线连接与挺缝线相平行时，即大筒裤的造型）。同时它又与人体臀部造型和人体运动学有关。

五、前后裆长度的比例分配（图6-5-2）

前后裆的弧线是为满足人体前腰腹、后腰臀和大腿根分开所形成的结构造型所设定的。从人体造型的角度分析，人体下肢侧面的腰、腹、臀至股底是一个前倾的椭圆形，以耻骨的连接点作为前后裆线的结束点。裤型前后裆弧线的造型和长度取决于前后裆宽的长度和结构，前后裆宽为总裆宽，一般情况下的总裆宽为$1.6H*/10$，前后裆宽的比例大约为3：1，即前裆宽为1/3前后裆宽和，后裆宽为2/3前后裆宽和。由此可以得出，前裆宽为$0.5H*/10-0～1cm$，后裆宽则为$H*/10+0～1cm$，其中$0.1H*/10$为后裆斜的底宽。当然，前后裆的宽度还取决于裤型的造型和变化，裤子的宽松程度也是影响前后裆宽的主要因素之一。

裤裆宽应大于人体的净裆宽，下裆线夹角的合并对大腿根部有一定的影响，裆宽过窄会使裤片紧贴在身体上，从而造成臀沟至后裆斜线之间形成多余的褶皱，影响裤型的整体效果。因此，为避免这些现象的产生，应相应地加大大裆的宽度和减小下裆线的夹角，从而避免裤片紧贴人体的现象产生。

对于大小裆的长度设定与比率设定不是孤立存在的，它与后中心线的倾斜角度、起翘尺寸等有着密切关系，它们随着人体造型的变化、裤型设计的要求进行相应的尺寸变化和造型上的调整，它们之间的关系是相辅相成、缺一不可的，是决定裤装结构设计功能性的关键。

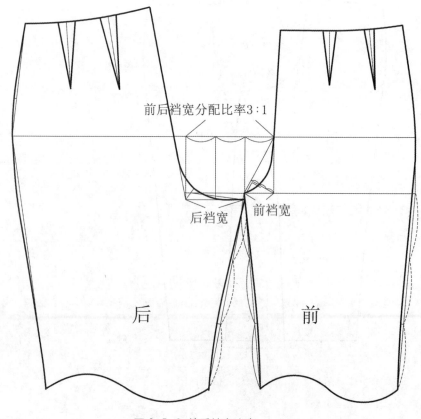

图6-5-2 前后裆宽比率

第六节 裤侧缝线结构制板

    裤子侧缝线的设定与裙子侧缝线的设定有相通之处，都是前后片的分界线，因此侧缝线的位置决定了前后裤片的大小。同时，侧缝线需要经过人体的胯部，而胯部的凸起与腰围的凹陷形成鲜明对比，因此，此处即使没有侧缝线的出现，也应有省量将胯部与腰部的尺寸差合理地收掉，同时将侧缝线上升一定尺寸，调节两者之间的尺寸差，通常情况下，此处所上升的量应根据胯部凸起与腰部凹陷的尺寸差来决定，是确定侧缝线起翘尺寸多少的重要依据之一。裤子侧缝线结构设计与变化主要从位置、造型、长短等几个方面进行。

一、侧缝线的位置（图6-6-1）

    侧缝线的位置多选择人体侧面的中心线为最佳，但由于臀部凸起明显大于腹部的凸起，因此，将前后片以H/2作为裤前后片的分界线，侧缝线将会造成视觉上的后移，因此传统的裤型侧缝线多选择前片-1～2cm，后片+1～2cm的形式，前后差大约在2～4cm，以补足前后臀、腹大小不一的差距，臀围前片-1，后片+1的形式来完成整体造型上位于人体侧部中心线的视觉效果。当然，侧缝线的设定由多方面的因素决定，裤型设计的差异是裤子侧缝线选择的主要依据。裤型侧缝线结构设计的位置变化主要是侧缝线的前移或后移。

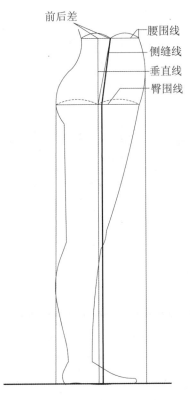

图 6-6-1 侧缝线示意图

（一）侧缝线前移（图6-6-2）

　　将裤装的侧缝线向前裤片移动，所移动的尺寸可根据设计而定，当侧缝线偏离了传统意义上的位置时，其胯部与腰部之间的差依然存在，并不能随着侧缝线的移动而移动，而是以省的形式出现。同时臀围线、髋骨线和裤口线之间的关系也发生变化，原本的侧缝线以直线条出现，因此此类裤型多为直筒或宽松式的喇叭裤型。

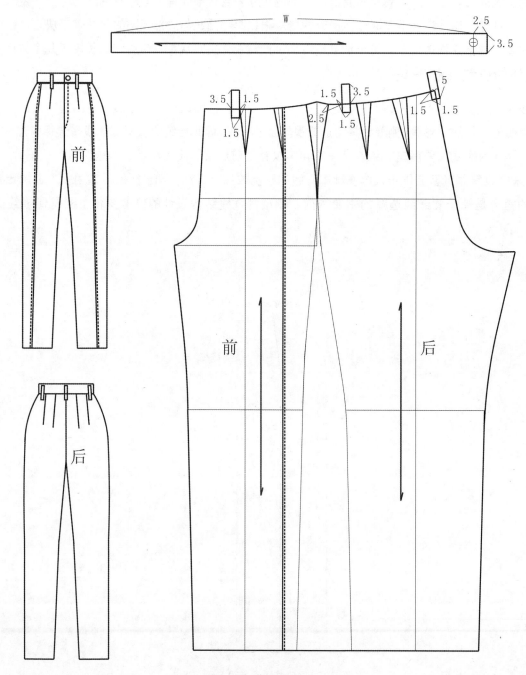

图6-6-2 侧缝线前移

（二）侧缝线后移（图 6-6-3）

　　裤装侧缝线的后移与侧缝线前移的制板方式相同，所不同的只是在视觉效果上的偏差。所移动的大小根据具体款式和要求设定。

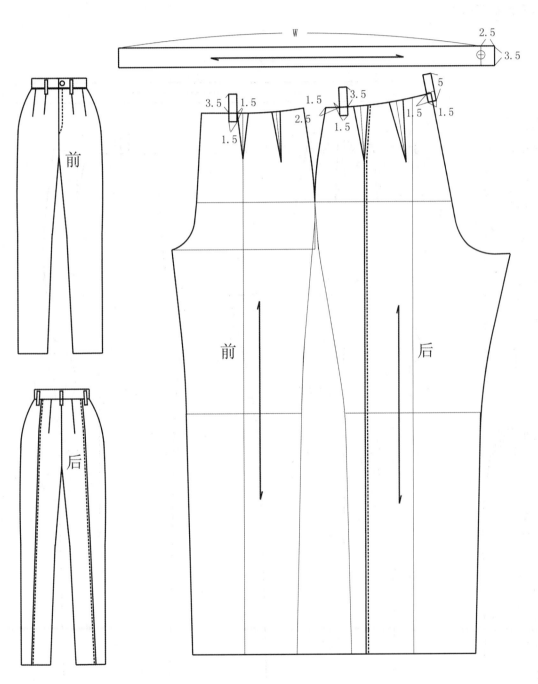

图 6-6-3 侧缝线后移

二、侧缝线的造型（图6-6-4、图6-6-5）

在确定裤子侧缝线位置的前提下进行相应的侧缝线造型上的变化，其变化形式多种多样，为裤装领域的创新性结构设计开辟了广阔的空间，但在选取侧缝线造型时，不仅要考虑其造型的美观性，而且也要考虑其工艺制作的可行性，以免加大工艺制作上的难度。侧缝线造型设计有传统的直线条、活泼的曲线条、另类的曲直结合或不对称等形式。

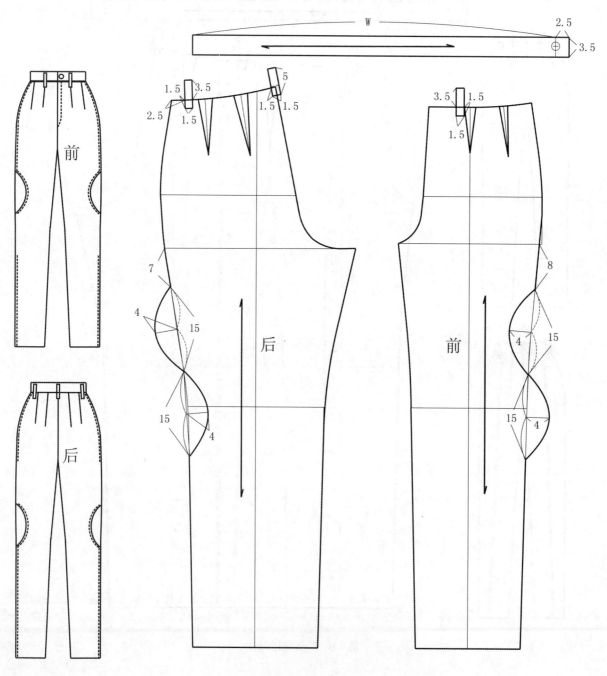

图6-6-4 侧缝线造型1

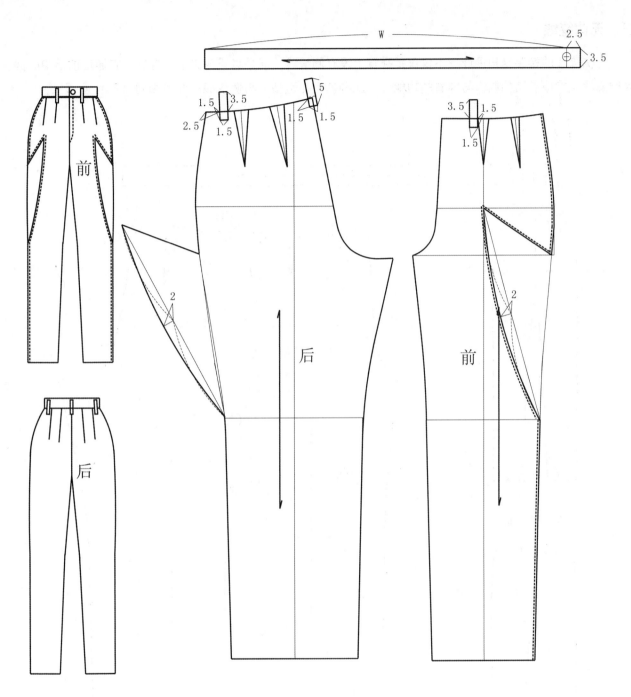

图 6-6-5 侧缝线造型 2

三、无侧缝线

　　无侧缝线的裤装结构设计，不仅仅是视觉上没有侧缝线，而是真正意义上不存在，它通过前后中心线、内侧缝线来完成裤装的制作与穿着的功能性。此种裤型在造型上与侧缝线的偏移相同（图6-6-6）。

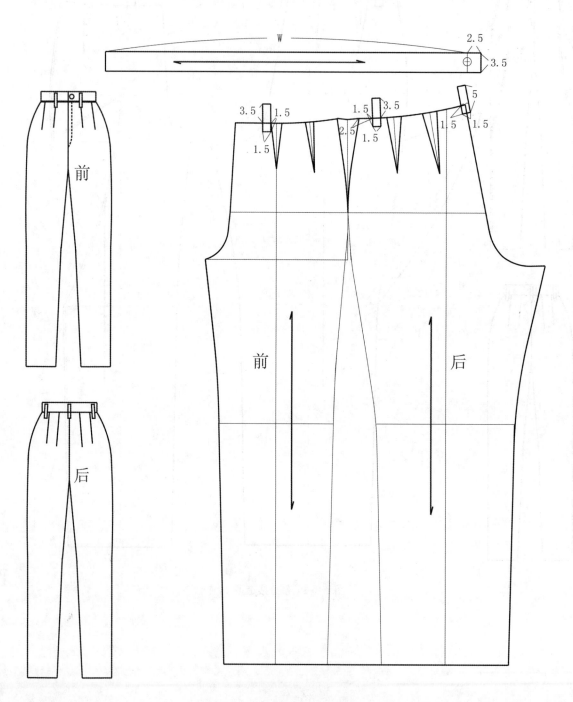

图6-6-6　无侧缝线裤子制板

第七节 裤口结构制板

裤口线作为裤身的结束线，其结构设计变化多样，或直或弯，或对称或不对称以及装饰物的添加，都是裤口设计的重点。从裤口线的形态上可分为直线型裤口和非直线型裤口两种形式。

一、直线型裤口

此类裤口结构设计属于较传统的裤口造型，由于其裤口线条平滑流畅，在外观上成直线造型而命名。结构制板规则应以侧缝线与裤口线的交角造型为设计要点，通常情况下，此交角为直角造型，因此当裤口线的长度增加到一定程度时（如超过裤口肥度的最大值，即超过单片裤片结构的臀围宽度），应将裤口线起翘一定程度，使侧缝线与裤口线相垂直（图6-7-1）；反之，当裤口线的长度小到一定程度时，也应将裤口线

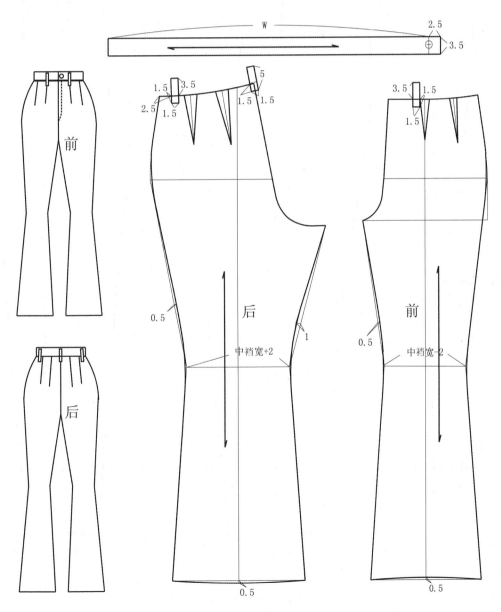

图6-7-1 裤口肥大的裤子制板

向下寻找与侧缝线成直角的点，并曲线画顺，只有这样才能达到裤口线在视觉上平顺的直线效果 (图6-7-2)。当然，侧缝线与裤口线的交角也并不是只有直角形式才被认可，很多情况下，侧缝线与裤口线相交略成钝角和锐角，在直观效果上也具有直线条的裤口线效果。

对于将裤口加大的直线型裤口设计，有时会将前裤口线上升0.5～1cm，而后裤口线下降1～0.5cm的形式来适应人体特征，即形成对隆起的前脚面适当裸露和对后脚鞋跟适当遮挡的整体效果。

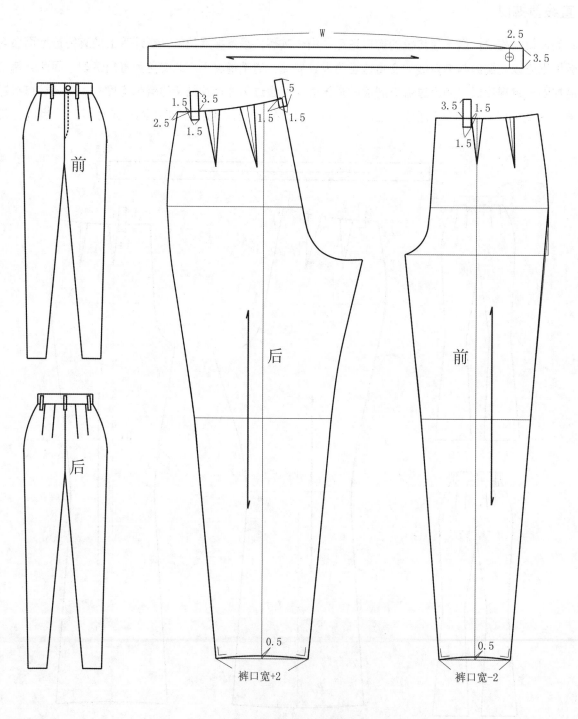

图 6-7-2 裤口窄小的裤子制板

二、非直线型裤口（图6-7-3～图6-7-5）

不言而喻，此种裤口线结构线的造型在视觉上打破了直线裤口线的平滑流畅感，或弯曲、或直曲结合、或前后不对称、或裤口线与侧缝线不垂直。这种突破传统的造型模式为裤装的创新性设计创造了空间。

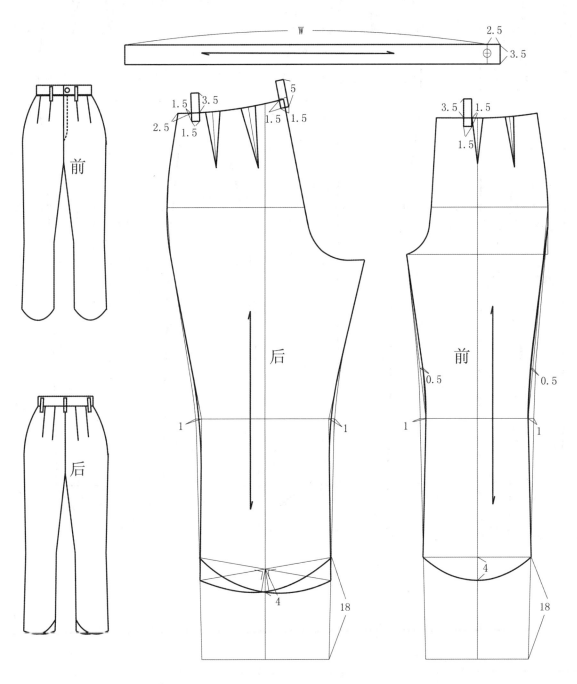

图6-7-3 非直线型裤口结构设计1

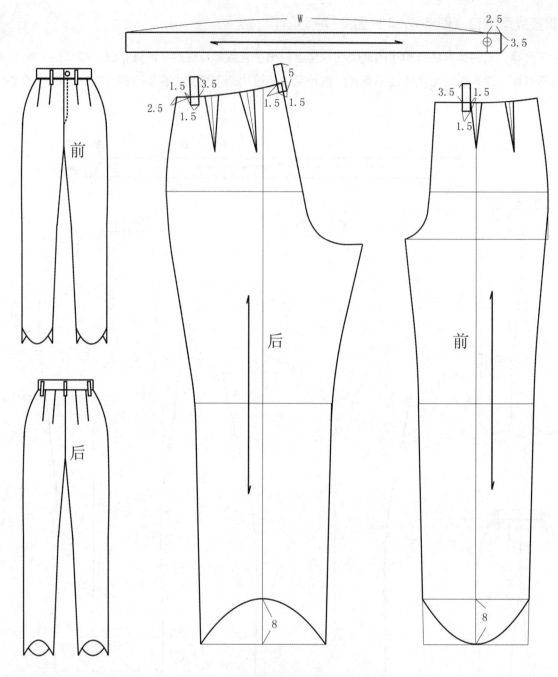

图 6-7-4 非直线型裤口结构设计 2

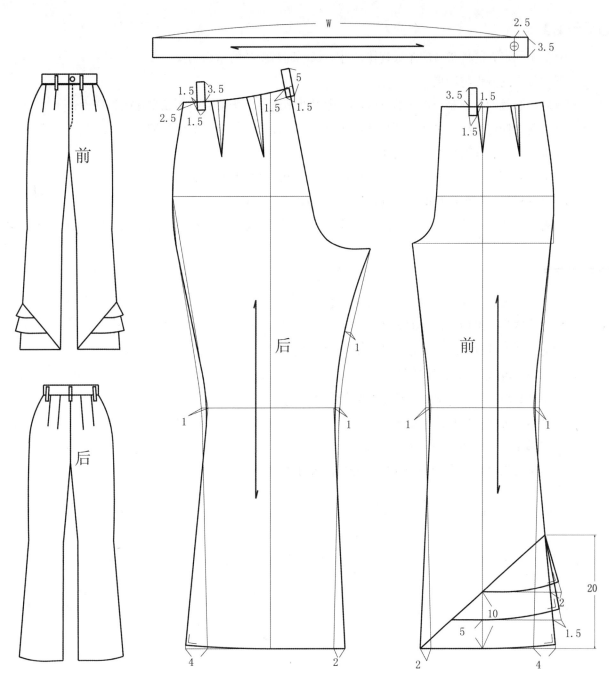

图 6-7-5 非直线型裤口结构设计 3

【课后练习】

（1）分析不同形式的裤腰省的制板规律，并尝试不同裤腰省的结构制板。

（2）不同腰头的分析与制板。

（3）前后中心线的各种制板形式的分析，有针对性地进行关于前后中心线变化的纸样设计。

（4）分析前后侧缝线结构设计的变化规律，设计并制板关于侧缝线变化的裤装。

（5）分析大小裆长度变化对裤装的影响。

（6）在掌握内侧缝线变化规律的基础上进行内侧缝线的结构制板绘制。

（7）分析各种裤口形式出现的可能性，并进行结构制板绘制。

（8）将裤装各个部件进行合理的组合与搭配，独立设计一款款式新颖的裤装，并进行纸样绘制，并以成衣的形式完成。

【课后思考】

（1）对省尖长度、位置、多少、形状设定的思考。

（2）对腰头宽窄、造型、位置的思考。

（3）对前后中心线倾斜度、位置、造型变化的思考。

（4）对前后侧缝线变化规律的思考。

（5）大小裆长度比率变化对整体裤型影响的思考。

（6）前后内侧缝线变化形式的思考。

（7）不同裤型对裤口要求的思考。

（8）如何更好地将裤装中的各个部件完美组合的思考。

第七章 裤腿结构制板

【学习内容】

（1）裤腿线的结构设计原理与纸样绘制方法。

（2）裤腿面的结构设计原理与纸样绘制方法。

（3）裤腿体的结构设计原理与纸样绘制方法。

【学习重点】

（1）结构线与装饰线在裤腿上的表现形式与制板方法。

（2）直面与曲面之间的区别与纸样绘制方法。

（3）不同体的表现形式与纸样绘制方法。

【学习难点】

（1）结构线、装饰线在裤腿结构设计中的各种变化形式。

（2）各种形式的直、曲面结合制板方法与技巧。

（3）各种体在裤装中的尺寸、位置、造型上的把握。

　　裤腿作为裤子的主要组成部分，其结构设计包含了点、线、面、体四种形式，因为裙子与裤子的结构不同，所以点、线、面、体所要表达的形式语言也不同。因此，在结构制板中裙子与裤子有着原理相同、制板不同的特点。从裤腿的结构分析可以看出，它实际上是点、线、面、体的结合体，不同的结构线的组合衔接，造就了不同面的出现，面的大小决定它存在的形式是点还是面，而面的变形与弯曲形成形态各异的体。由此可以看出整个裤腿的结构设计实际上就是不同线的变化与设计。在满足裤腿结构设计功能性的前提下，将裤腿中所涉及的线进行分析研究，并归纳其设计的原理与技巧，从根本上完成对裤腿结构的设计与创新。

第一节 线在裤腿上的结构制板

　　裤腿上所涉及的线，按其功能可分为结构线和装饰线两种。结构线是体现裤身造型的线，它从根本上决定裤型变化，是必不可少的组成部分。结构线的变化不是随意的，而是有很强的目的性和规律性，它服从于裤型的功能性；而装饰线恰恰相反，它的存在对裤型变化没有关键性的作用，因此其结构设计在一定程度上不受裤型的限制，合理地使用装饰线，可以提高裤型的审美价值。从线的设计角度分析，其变化无外乎线的位置、长短、造型以及多少的变化。

一、结构线

服装中的结构线，主要是满足人体的功能性，它一方面服务于人体，决定服装的功能；另一方面对裤装起到塑型作用，从根本上塑造了不同的裤装廓型，是裤装结构设计不可缺少的线段。因此，结构线设计的要求非常严格，不合理的结构线往往会造成服装功能的丧失，因此针对结构线的设计应遵循功能为主，审美为辅的原则。裤腿的结构线设计实际上是裤子的省量横向、竖向及斜向的省量转移，由于其结束点不能偏离省尖的终点，而在长短和位置上有很大的局限性，整个制板原理、技巧与裙装的省量转移相同，在此不再累述。

二、装饰线

不言而喻，装饰线在裤装结构设计中具有装饰的效果，它在一定程度上与裤装的结构无关，不能改变或影响裤装的整体形态和内部构造，它只是一条线段，可有可无，它的存在主要取决于款式的要求和美观程度。因此，装饰线的设计相对于结构线来讲更具有灵活性，可以在不同位置，以不同的形态、不同的长短成为裤装结构设计的焦点。

（一）横向装饰线

横向装饰线主要存在于裤腿的侧缝线、内侧缝线以及前后中心线的位置上，有位置、长短以及造型上的变化。就三者来讲，位置和造型变化不受任何限制，但对横向装饰线的长度有一定的结构要求，贯穿整个裤身的装饰线不会给裤装结构和造型造成很大影响，但较短的横向装饰线要考虑其结束点的形态和制板方法，由于与裤装的结构无关，因此结束点不需要在省尖附近，较短的装饰线通过剪刀对纸样的剪切极易造成裤身某部位的不必要凸起，影响裤装造型，因此针对这一问题，装饰线的缝量尽量缩小到最小，对所形成的装饰尖需通过成衣的后处理将其降低到最小程度。

1. 横向装饰线的位置变化（图7-1-1）

由于装饰线不对裤装结构起到制约作用，因此在位置选择上不受任何限制，裤子的前后侧缝线、内侧缝线、前后中心线甚至大小裆弯线上，都可以成为横向装饰线的位置所在。

2. 横向装饰线的长短变化（图7-1-2）

裤装中的横向装饰线的长度可长可短，长则贯穿整个裤腿，短则以活褶的形式出现，但应该注意的是，当横向装饰线在裤腿的某一点结束时，为完成装饰线段而打开的量必然会在装饰线的结束点形成不必要的凸起，影响整体裤装造型，在这种情况下，所选择的打开量一般较小，同时对所形成的凸点应通过裤装的后整理进行完善和修正，在不影响整体款式造型的情况下，完成横向装饰线的设计与创新。

3. 横向装饰线的造型变化（图7-1-3）

横向装饰线的造型受装饰线的长度影响很大，贯穿于整个裤腿的横向装饰线，在造型上的取舍没有特殊要求和限制。而对于结束于裤腿的横向装饰线，因受打开量的尺寸限制而对其线的造型要求较高，造型幅度较大的线虽然在理论上可以实施，但工艺上是无法完成的。因此，这类横向装饰线不建议在形态上作过多变化。

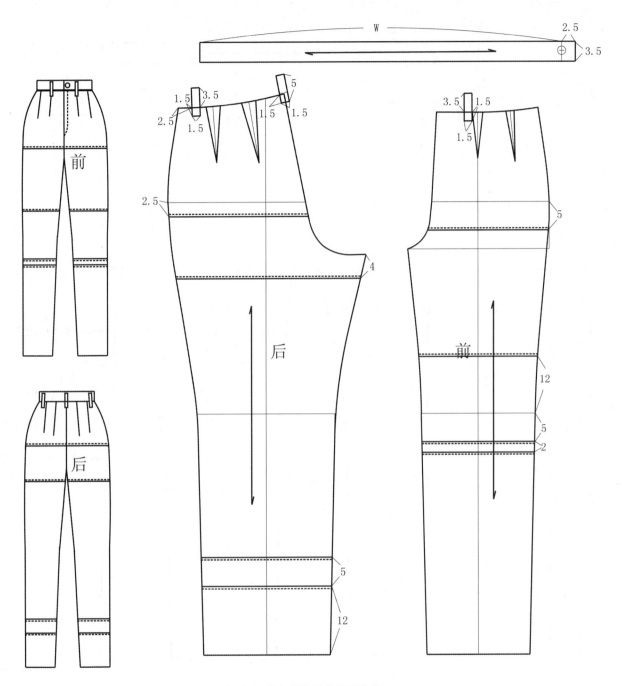

图 7-1-1 横向装饰线的位置变化

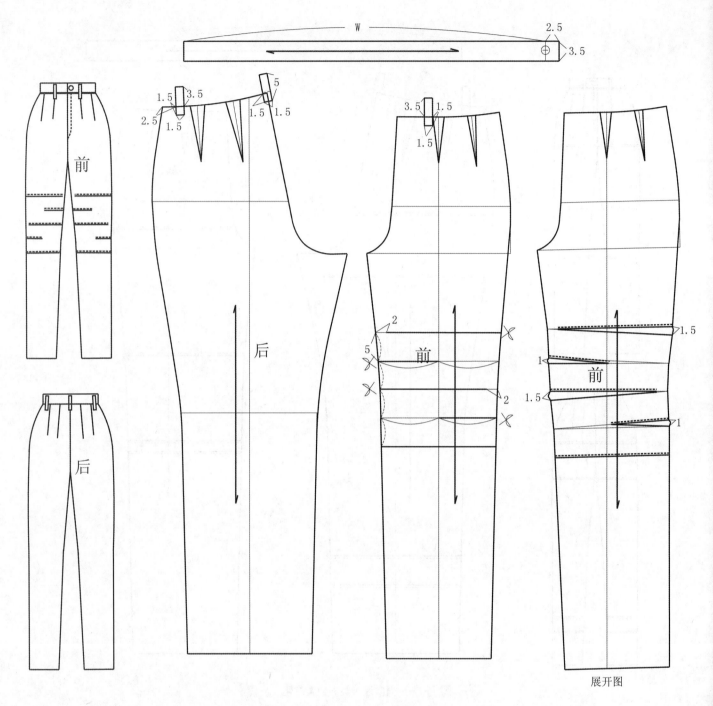

图 7-1-2 横向装饰线的长短变化

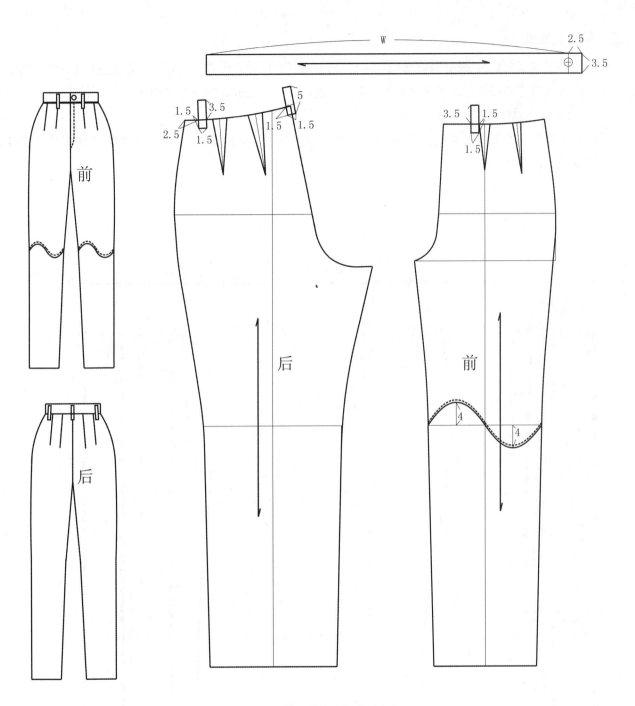

图 7-1-3 横向装饰线的造型变化

（二）竖向装饰线

竖向装饰线与横向装饰线在结构设计原理与技巧上相同，同样在位置、长短、造型上进行结构设计与创新。结构设计过程应遵循不影响裤装功能性的前提下进行美化，是裤装创新性结构设计的一个新途径。

1. 竖向装饰线的位置变化（图7-1-4）

裤腿中的竖向装饰线位置变化主要是在腰围、裤口处竖向装饰线的运用，由于它不需要体现裤装的结构，因此位置取舍灵活多变。

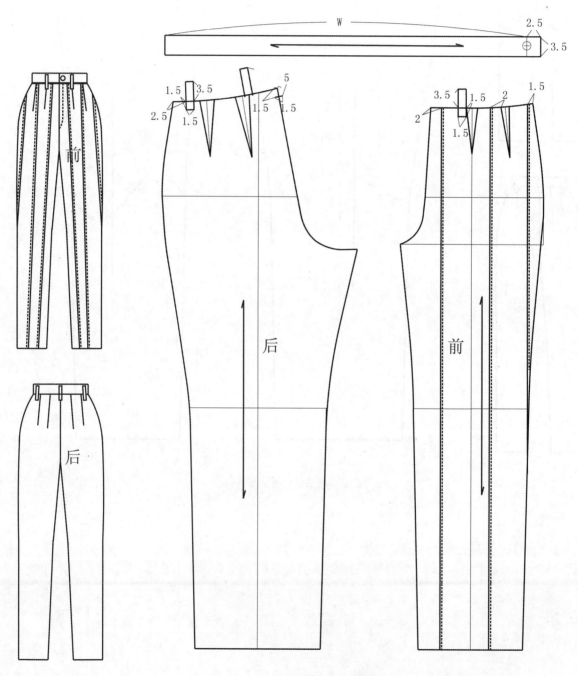

图 7-1-4 竖向装饰线的位置变化

2. 竖向装饰线的长短变化（图 7-1-5）

竖向装饰线的长短取舍与横向装饰线相同，没有贯穿于整个裤长的竖向装饰线，必然会在装饰线的结束点处出现不必要的凸起，从而影响外观效果，为避免这类情况，较短的竖向装饰线多采用采寸量小和裤子后整理的形式加以完善。

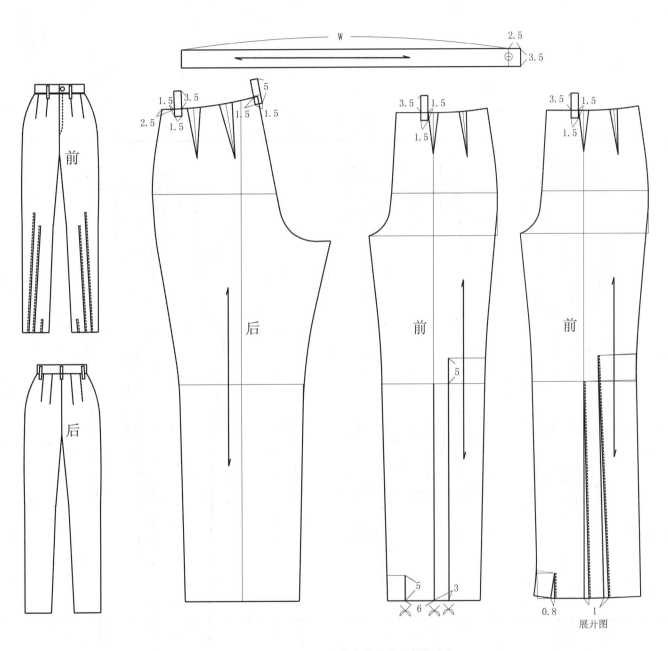

图 7-1-5 竖向装饰线的长短变化

3.竖向装饰线的造型变化（图7-1-6）

对于贯穿于整个裤长的竖向装饰线，由于不受结束点凸起的限制，其造型变化多样，但较短的竖向装饰线在选择特殊造型时，应注意造型的合理性与工艺制作的可行性。为避免不必要的凸起，打开量较小，因此，不能很好地满足特殊造型在缝纫过程中所需要的缝合量，从而无法实现造型上的多样性，这类线的造型选择多采用直线条和曲线形式。

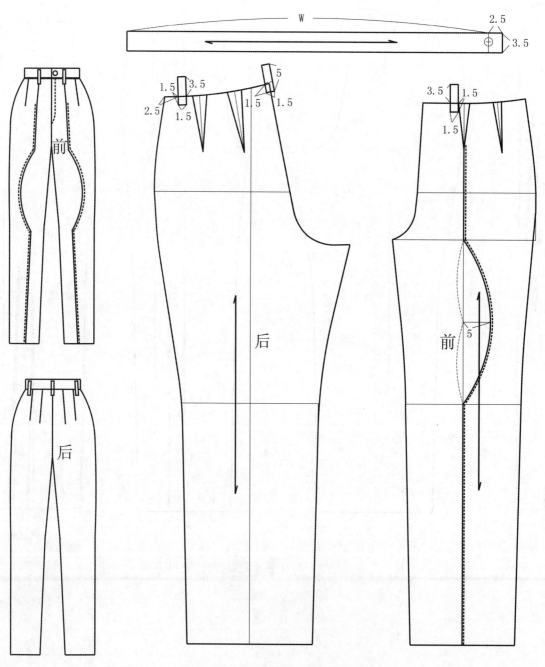

图 7-1-6 竖向装饰线的造型变化

（三）斜向装饰线

斜向装饰线与横向、竖向装饰线的结构制板原理与设计技巧相同，不同之处在于位置与结束点的去向发生偏离，它所设定的位置更加宽泛，可在前后侧缝线、内侧缝线、前后中心线、腰围线、裤口线等任何一个位置，线段的线迹往往不会与裤型的横向丝或竖向丝相一致。

（1）斜向装饰线的位置见图 7-1-7。

（2）斜向装饰线的长短见图 7-1-8。

（3）斜向装饰线的造型见图 7-1-9。

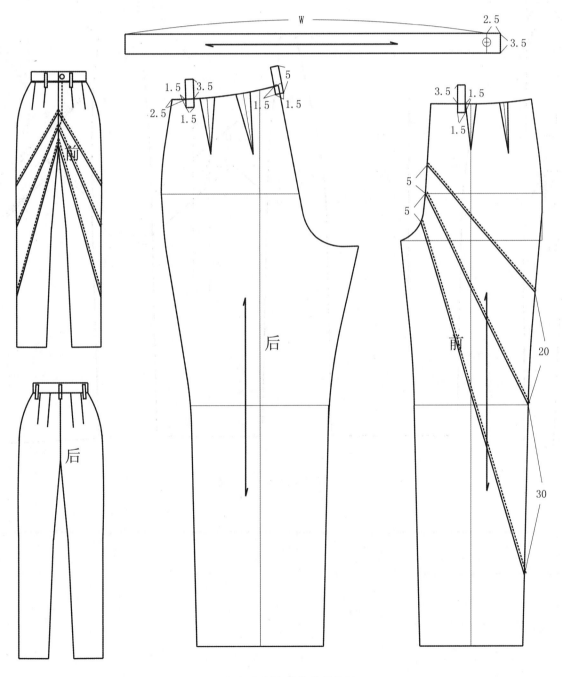

图 7-1-7 斜向装饰线的位置

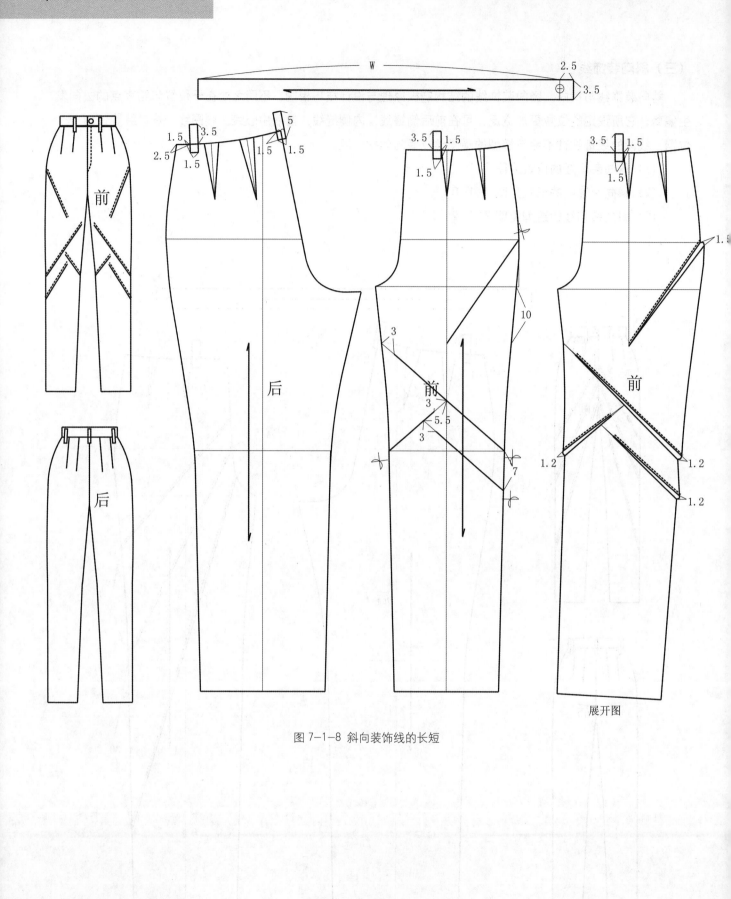

图 7-1-8 斜向装饰线的长短

展开图

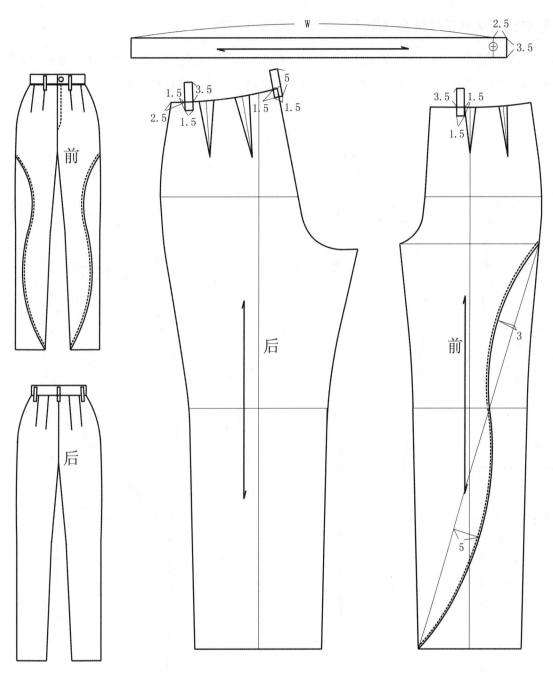

图 7-1-9 斜向装饰线的造型

（四）结构线与装饰线的结合（图 7-1-10～图 7-1-12）

在裤装结构设计中，结构线与装饰线并不是孤立存在的，两种线的结合在一定程度上既起到隐藏裤装省量的作用，又能增强整体造型的美观效果，是裤装结构设计中常见的结构制板形式。

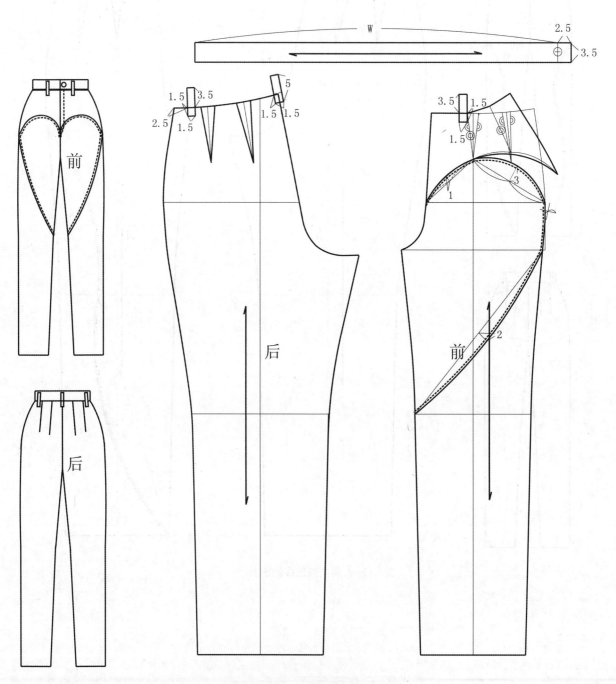

图 7-1-10 结构线与装饰线的结合 1

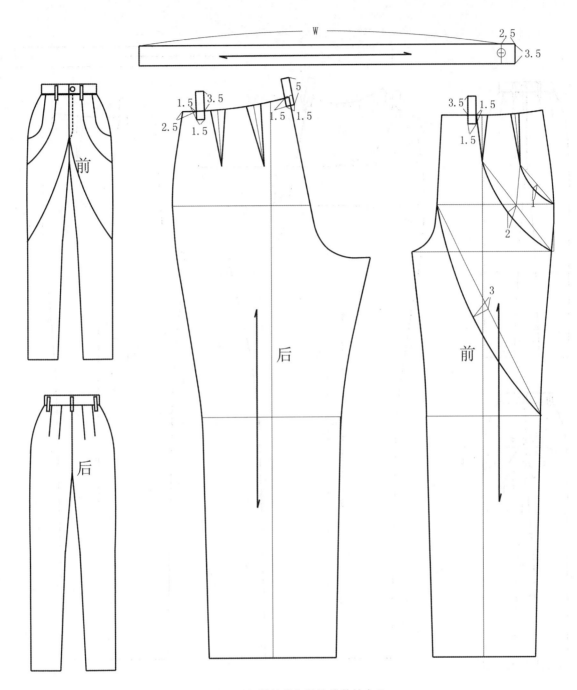

图 7-1-11 结构线与装饰线的结合 2

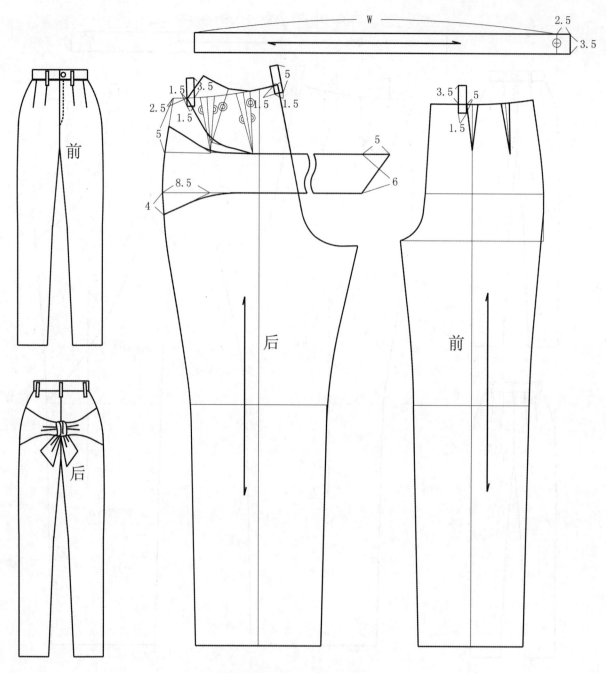

图 7-1-12 结构线与装饰线的结合 3

第二节 面在裤腿上的结构制板

　　线的围绕与衔接产生了不同形式的面，它的存在并非毫无根据，而既具功能性又有装饰作用，同时又是不同形态线的组合。与线相比，面的结构设计定义范围更加宽泛，它不仅仅局限于面的大小、形状以及位置的设定，更多的是从三维空间的角度重新理解面的概念与形式，因此在结构设计中，对面的制板原理与技巧分析研究的同时，还要考虑以立体多维的形式出现的面，如面料二次设计对结构设计的影响。褶皱、重叠、抽丝、剪切、镶嵌等形式的工艺手法使面的形式更加多样化，使其以前所未有的形态服务于裤装的创新性设计。

一、面的大小变化（图 7-2-1）

　　在选择裤装结构设计面的大小时，应根据具体的结构设计审美要求来操作，没有分割线的裤型是裤装中最大面的体现，结构线与装饰线将大面分割成小面，分割时应遵循功能性与审美性并存的原则。

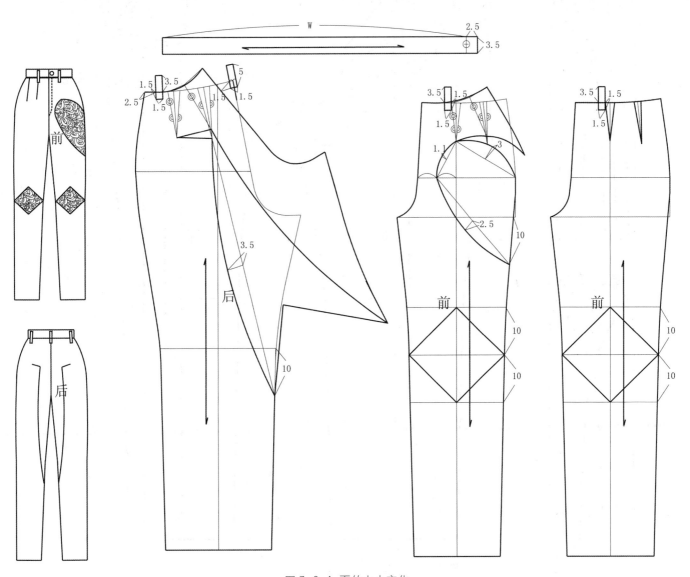

图 7-2-1 面的大小变化

二、面的造型变化

从设计的角度分析,面的造型与线的运动轨迹有直接关系,它大于点,宽于线,是线通过围绕而成的领域。从面的内容看,服装中的面有平面和曲面之分。平面依附于设计主体,不能以独立的形式存在,是服装款式中的一部分;而曲面是相对于平面来说的,具有一定的立体效果,是体的一部分,但又不能完全包含体的内容与含义,只能作为一个分支存在,如立体的口袋或装饰物,它可以以服装为依托进行曲面的体现,也可以完全脱离服装主体,以独立的个体形式存在,成为服装装饰物的一部分。

1. 平面的造型变化(图 7-2-2、图 7-2-3)

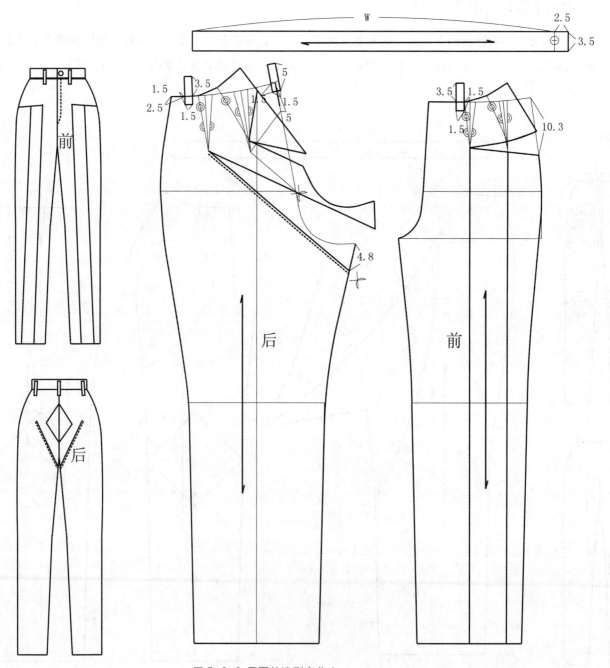

图 7-2-2 平面的造型变化 1

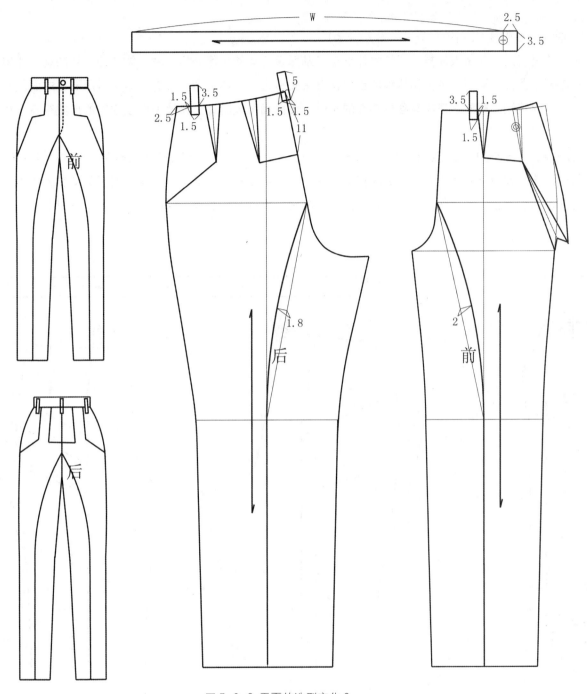

图 7-2-3 平面的造型变化 2

　　裤装本身就是不同形状面的组合，结构线的添加从根本上实现了裤装结构面的合理性实现，而装饰线的干预则从另一个角度将裤装较大的面重新分割成具有美学价值的小面。由此可以看出，平面造型在裤装设计中的常见性和不可分割性，它以最为客观的形态完成裤子结构功能和审美功能。如平面造型中的正方形、长方形、菱形、圆形、不对称造型等。

　　平面造型存在的位置、大小有时与结构有关，有时与结构无关，也有时两者兼而有之。

2. 曲面的造型变化（图 7-2-4、图 7-2-5）

曲面的出现进一步将人体推向三维立体形态，从服装立体的角度分析，将人体凹凸有致的型体体现无余的面都应属于曲面，可以理解为结构线的出现使服装更接近于人体造型，由这些结构线所形成的面就是相对意义上的曲面造型。同时它还具有独立存在的特性，使曲面可以脱离主体裤型而以立体的形式存在于裤子结构中。

另一种曲面形态的产生与结构制板并无多大关联，它的形成与工艺制作的手法有关，如将面料裁剪条状，然后通过工艺操作将其以曲面的形式出现在裤装中。这种形式对裤装结构并不能起到至关重要的作用，也不会妨碍裤子的功能性，它只作为一种装饰，为裤子的创意设计起到画龙点睛的作用（图 7-2-6）。

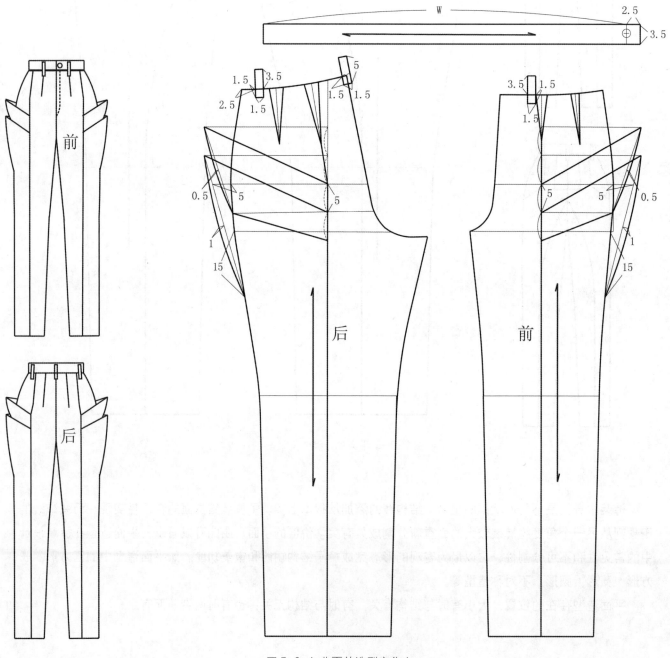

图 7-2-4 曲面的造型变化 1

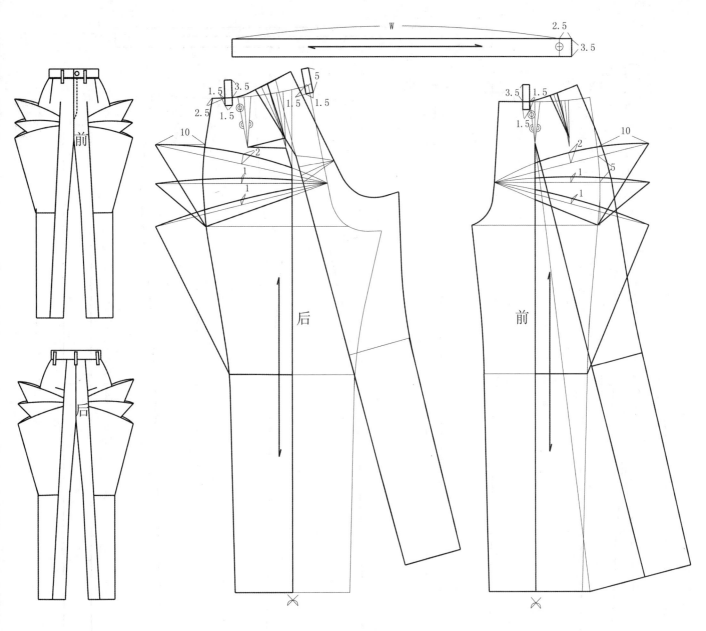

图 7-2-5 曲面的造型变化 2

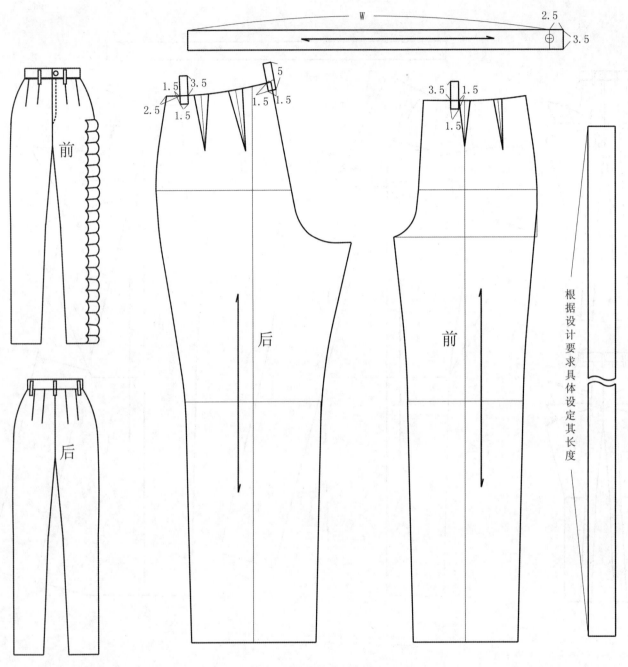

图 7-2-6 曲面的造型变化 3

3. 平面、曲面结合的造型变化（图 7-2-7、图 7-2-8）

平面、曲面结合的形式在裤装结构设计中最为常见，如裤装侧缝所形成的曲面与裤型正面的直面，合理的平面、曲面的结合是裤装合理性的前提，另外，曲面独立存在的特性使其在与直面衔接时，极易形成夸张的裤装造型。

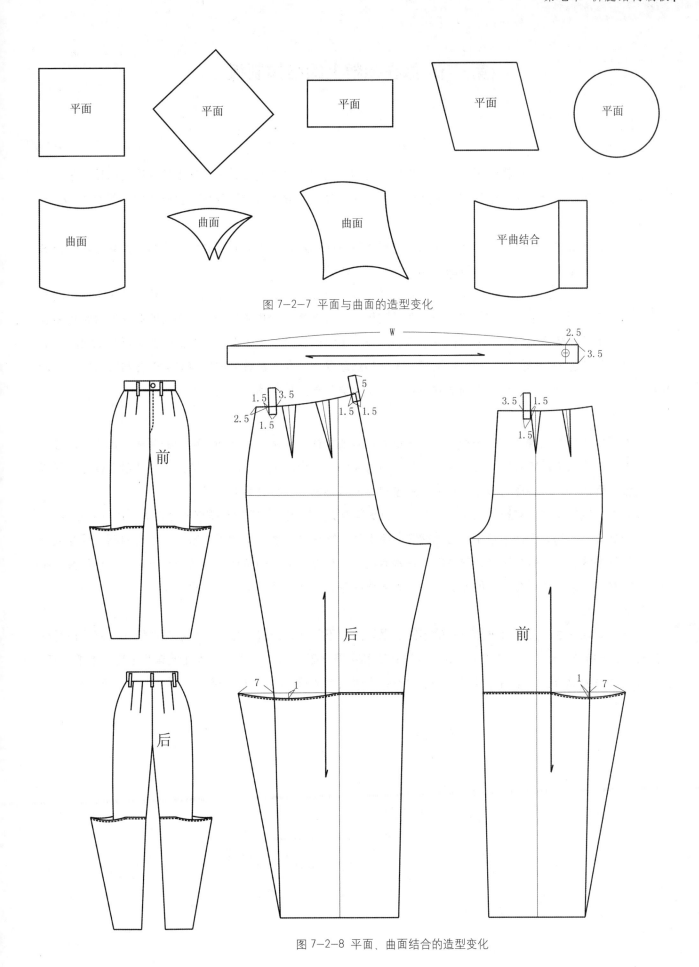

图 7-2-7 平面与曲面的造型变化

图 7-2-8 平面、曲面结合的造型变化

第三节 体在裤腿上的结构制板

体在服装结构设计中的概念不同于现实生活中的体，现实生活中的体具有广义上的深度与厚度，是点、线、面运动轨迹的集合。服装中的体不仅是点、线、面的聚拢或分离形成的集合，更有色彩、面料所呈现出的不同质感。

裤身某些部位具有明显凹凸感的整体造型使整个裤身在一定程度上具有很强的体积感和分量感。体在裤子上的表现形式主要是通过裤身、零部件和装饰物来表现的。

传统意义上的实用装，体的外观表现形式在视觉效果上并不明显，但它依然存在，褶是裤装中常见的一种体的含蓄表现形式，它与裤省的结合使其在一定程度上具有裤子的功能性作用，而它的断缝形式则使所收余量呈现出张扬与随意的风格，形成裤装中体的形态，余量的放开加大了裤身某个部位的肥度与宽度，从而实现了某些款式上的特殊效果，同时也增加了人体的活动量。因此，裤装中的体兼具功能性与装饰性。从制板方法与工艺制作技巧上分析，褶的形式主要分为两大类：一是自然褶，二是规律褶。

一、自然褶

自然褶主要分为两种形式，一种是收取褶量时具有随意性的缩褶，它并没有确切的距离、数量、尺寸、大小等方面的要求来设定褶量；另一种形式则是将裤身的某一个部位打开时，所增加的尺寸量在裤身中形成自然的波浪型皱褶，这种形式多出现在裤口处或裤身的装饰物上，称之为波浪褶。

裤装中收缝缩褶时对褶量的大小、多少、长短没有确切的规定，但缩褶时褶量不宜过大，最好褶距均匀，当然应根据具体的裤型设计来设定。当缩褶收取不当时，往往会出现不协调的膨胀感或不对称感，因此应当在确定外形的情况下进行合理的褶量抽取。缩褶有随性、自然、活泼的特点，但造型有一定的不可控性，不恰当的褶量抽取易产生不合尺寸的膨胀感，夸大人体的缺陷。波浪褶则应该注意褶的均匀与大小。

1. 缩褶

缩褶在体现形式上主要有缩褶位置的不同、褶量大小不同两种形式。位置上可以在任何一个部位进行缩褶处理，如果所要收的褶出现在腰部，这些缩褶中必然会隐含省量（图7-3-1），因此便具有了功能性的特点，若在没有省量的部位出现缩褶，其装饰效果也不容小觑（图7-3-2、图7-3-3）。

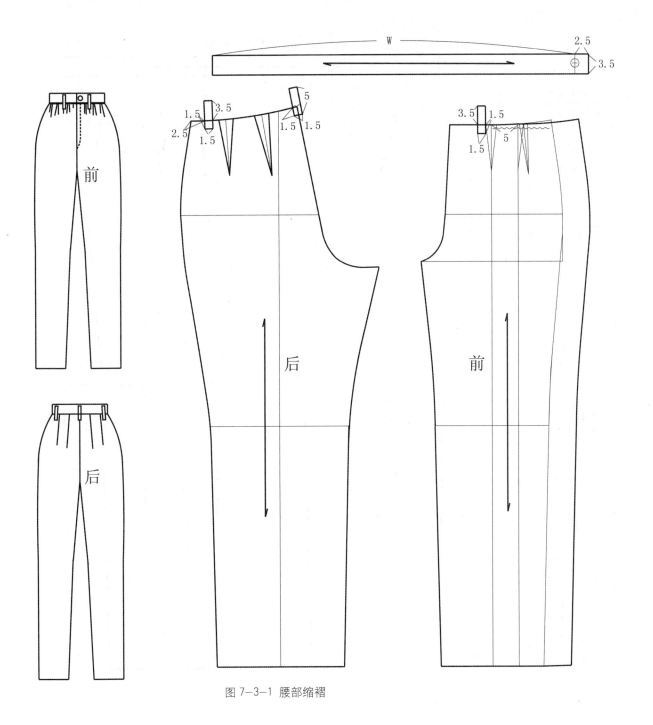

图 7-3-1 腰部缩褶

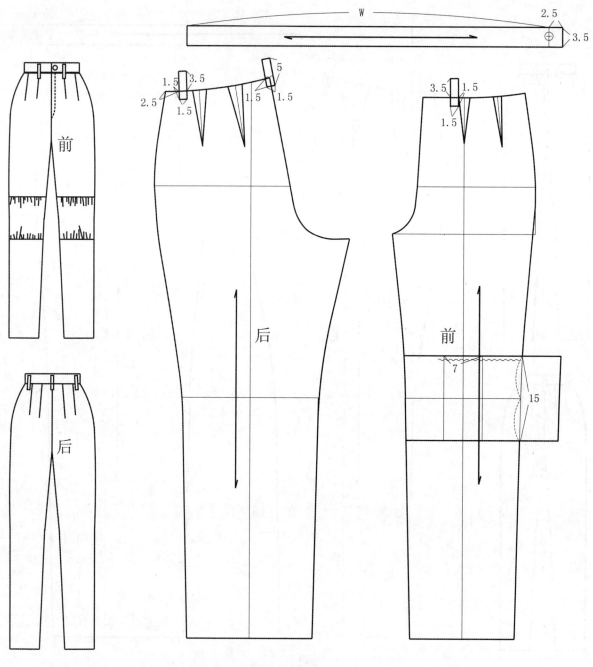

图 7-3-2 裤身局部缩褶 1

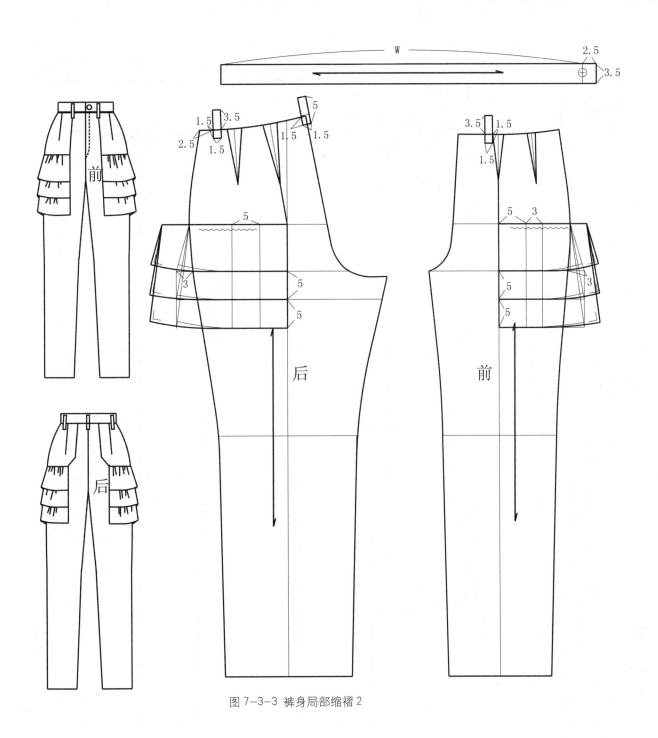

图 7-3-3 裤身局部缩褶 2

2. 波浪褶（图 7-3-4、图 7-3-5）

波浪褶的形成是由于上下围度尺寸的长短不同而造成的波浪状褶皱，相差尺寸越大，形成的波浪褶越多，同时尺寸小的一边弧线型越大。为了避免波浪褶产生的大小、距离不均匀，应注意尺寸添加量、距离的一致性。当波浪褶的一边与腰围线相重合时，可将省量转移其中，既实现了波浪褶造型，又具有功能性。波浪褶还可以与裤身的结构相脱离，形成裤身装饰的一部分。

裤装结构设计中，波浪褶与缩褶的表现形式多种多样，有长短、位置、大小之分。

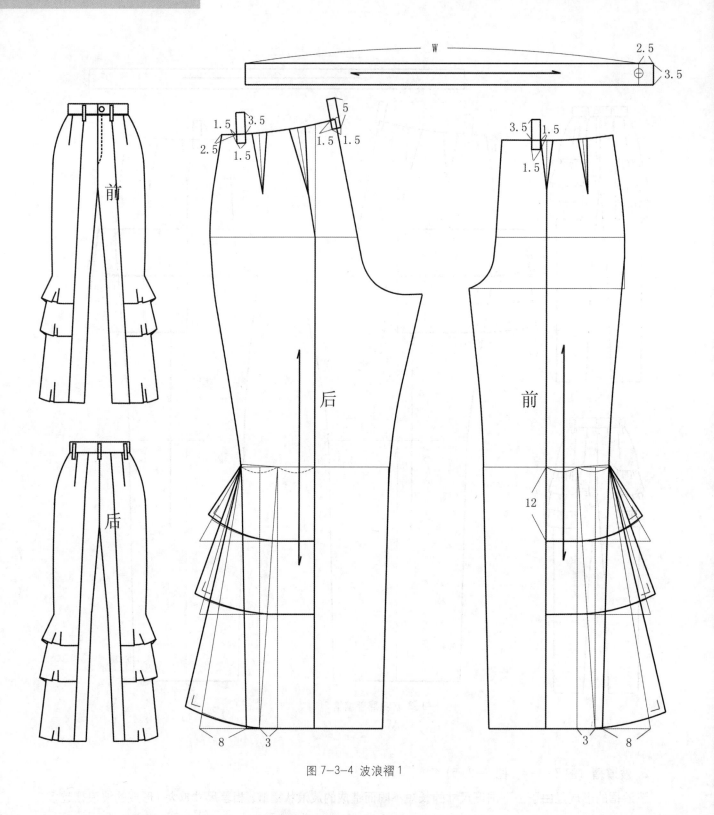

图 7-3-4 波浪褶1

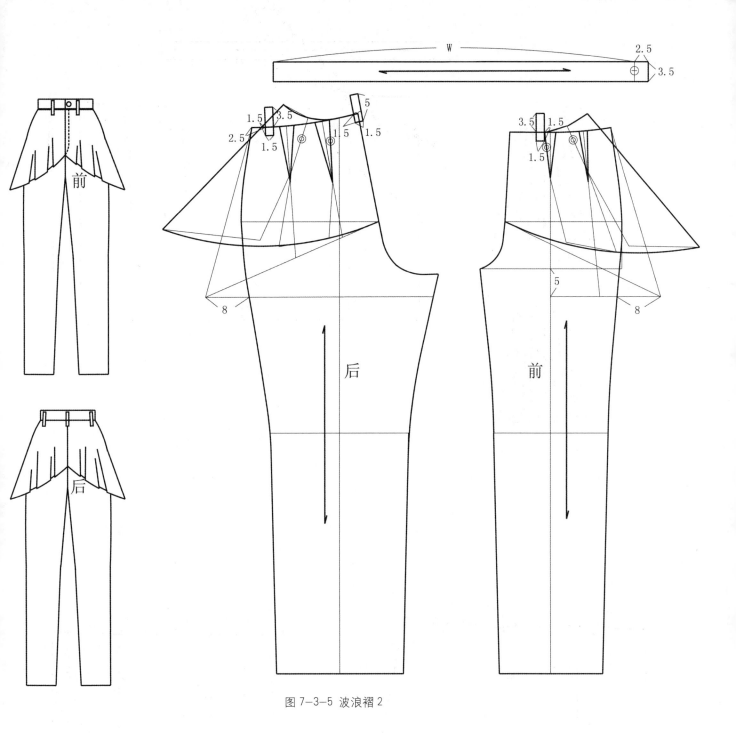

图 7-3-5 波浪褶 2

二、规律褶

　　规律褶是指在服装中的某个部位将多余尺寸以某种具体、规则的工艺手段将其折叠，并进行规律性的缝纫，直观效果有一定的规律性和秩序性，并能有效地控制其造型，对服装造型特点所产生的影响有一定的预期性。从工艺手法上主要分为工字褶和顺褶两种形式。

　　裤装中的规律褶与裙装的规律褶制板方式相同，运用方法上也相似，主要有位置、造型、长短、工艺手法上的区别。

　　1. 工字褶（图 7-3-6）

　　裤装中的工字褶在结构制板和工艺制作上有很大的相似性，不同的裤型应合理选择工字褶在裤型中的数

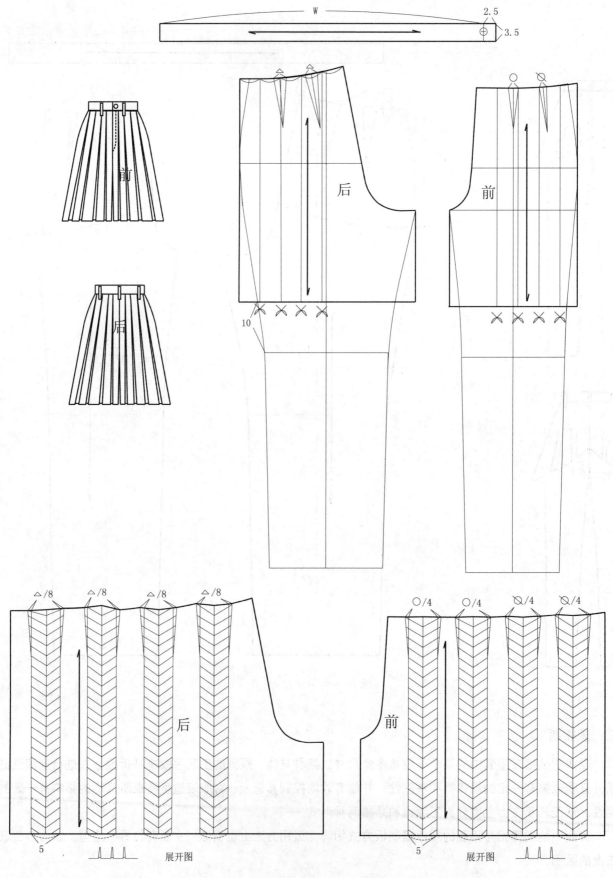

图 7-3-6 工字褶

量、位置、造型。裤褶数量的多少直接关系到裤装的制板技巧与方法，当裤褶达到一定数量时，应以裙裤制板方法来代替传统的裤型制板；裤褶的位置变化多样，在腰围处的工字褶多含有省量的成分，脱离裤型功能性位置的工字褶，则成为裤型装饰的一部分。

制板时先确定褶量的多少、大小、造型及位置，然后将施褶的部分加放相应尺寸，供工艺制作时褶量的折叠与运用。如在腰围处施褶可直接在臀围处加放相应尺寸的放松量，并确定所需裤长，直线连接腰围线。测量腰围与臀围之间所差尺寸，并将所差尺寸平均分配给每一个褶裥，褶裥的大小和造型可根据设计来确定。

2. 顺褶（图 7-3-7）

顺褶是指褶裥方向一致的褶型，或左或右，或以一点为基点相向或相反地进行褶裥。顺褶与工字褶的

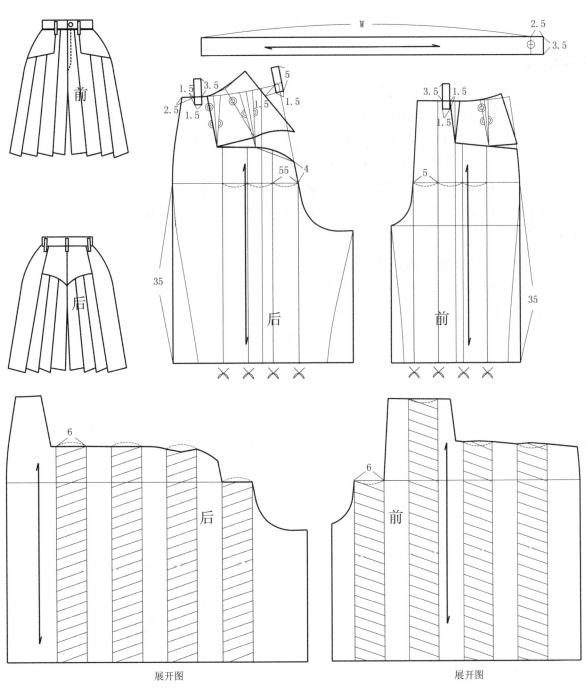

图 7-3-7 顺褶

制板技巧与方法基本相同。如果需要腰臀合体，同样将腰臀的差量均匀地分配到褶量中，区别在于工艺制作时褶量的倒向，将确定倒向的褶量固定在腰头上，或熨烫或不熨烫，或暗缝或不暗缝。

【课后练习】

（1）练习在不同裤装中结构线的各种变化。

（2）不同装饰线在裤装中的纸样练习。

（3）不同形式的结构线与装饰线结合的纸样练习。

（4）直面、曲面、直曲结合的结构设计变化与练习。

（5）熟悉不同体在裤装中的结构设计规律和变化，并进行纸样练习。

（6）独立进行裤腿结构设计，并将点、线、面、体合理穿插其中，制板并制作样衣。

【课后思考】

（1）对结构线与装饰线穿插使用技巧的思考。

（2）对不同面相结合的技巧掌握与纸样绘制方法的思考。

（3）对体的形式语言与裤装结构设计关系的思考。

（4）对线、面、体之间的关系以及如何更好地与裤腿相结合的思考。

第八章 裤子变化款结构制板

【学习内容】

（1）紧身裤结构设计原理与纸样绘制方法。

（2）喇叭裤结构设计原理与纸样绘制方法。

（3）锥形裤结构设计原理与纸样绘制方法。

（4）筒裤结构设计原理与纸样绘制方法。

（5）阔腿裤结构设计原理与纸样绘制方法。

（6）灯笼裤结构设计原理与纸样绘制方法。

（7）裙裤结构设计原理与纸样绘制方法。

【学习重点】

（1）不同廓型裤装的结构设计原理与纸样绘制方法。

（2）不同廓型与局部设计相结合的结构设计原理和技巧。

（3）不同廓型结构设计变化的灵活运用。

【学习难点】

（1）不同廓型裤装的结构设计原理与绘制技巧。

（2）不同廓型裤装点、线、面、体的合理运用与纸样绘制方法。

（3）不同廓型裤装局部设计的运用技巧与纸样绘制方法。

（4）通过不同廓型裤装的纸样练习进行创新性裤装结构设计与制板。

第一节 紧身裤结构制板

一、紧身裤的结构特点

紧身裤是休闲时尚的裤型之一，由于其裤型贴近人体造型，从而显现女性特有的腿部优美曲线而备受大众所喜爱，款式特点为合体造型，臀部有适量的松量，裤身贴体，裤口窄小，裤长至脚背或踝骨处，也可根据款式需求确定裤身的具体长度。给人以优美、端庄、休闲、简便的视觉效果，前后腰处各设一省或根据腰臀差的大小选择无省效果，又或以结构线的形式将省量转移其中。

二、紧身裤的制板

（一）所需尺寸 （表8-1-1）

表 8-1-1 紧身裤制板所需尺寸   单位：cm

号型	部位名称	臀围(H)	腰围（W）	臀长（HL）	上裆长（D）	裤口宽	腰头宽	裤长（L）
160/66A	人体净尺寸	90	66	17	25	/	/	100
	成衣尺寸	90	66	17	25	17	3.5	95

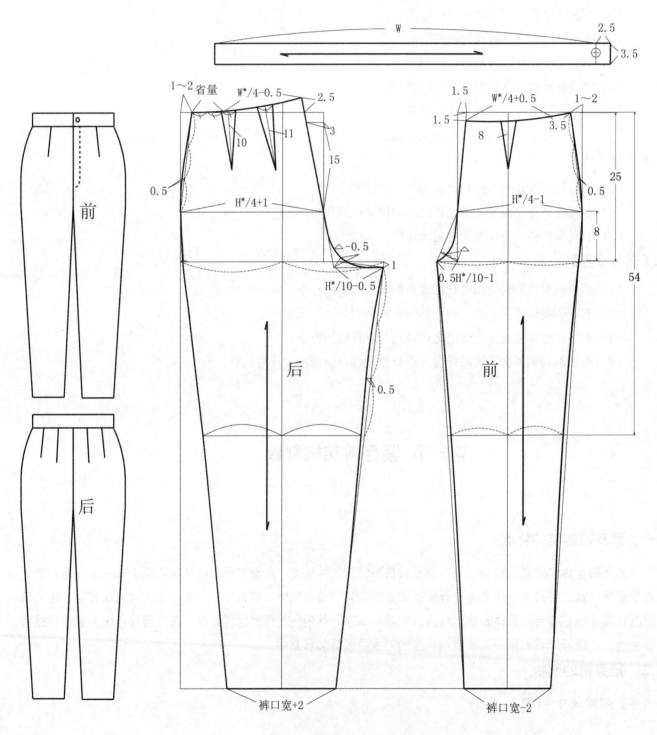

图 8-1-1 紧身裤结构制板

（二）结构制板（图 8-1-1）

（1）臀围：臀围尺寸多以净尺寸或加 1 ～ 2cm 的放松量作为成衣的臀围宽度。

（2）腰围：根据腰位线的具体要求进行腰围尺寸的具体把握。

（3）省：将臀、腰差以省的形式收掉，省的数量可根据具体的结构要求确定，此款为前片 2 个省量，后片 4 个省量的形式。

（4）前后侧缝线：由于紧身裤的造型主要依靠腰、臀、腹、腿的合体性而呈现出紧瘦的裤装造型，因此在前后侧缝线处向里进 1.5cm 左右，胖式画顺至臀围线处，同时以裤口宽为基准进行下半部分的侧缝线画顺。

（5）前后中心线：前中心线向里进 1.5cm，使腹部更加紧瘦，同时下降 1.5cm；后中心线采用 15 ∶ 3 的倾斜度，同时起翘 3cm，以满足由于紧身裤型裆部对裤型的拉伸。

（6）大小裆：在原型裤的基础上进行大小裆的缩减，大裆采用 8.5cm，小裆则采用 3.5cm，或采用大裆 H/10−0.5cm，小裆 H/10−1cm 的形式完成。

（7）中裆线的位置和宽度：以正常的中裆线位置为基准；宽度应根据结构设计要求具体设定。

（8）裤口：紧身裤的裤口窄小，具体尺寸依据不同的款式要求，例图中后裤口宽 = 裤口宽 +2=17+2=19cm，前裤口宽 = 裤口宽 −2=15cm。

第二节 喇叭裤结构制板

一、喇叭裤的结构特点

喇叭裤为裤身紧瘦，裤口打开的裤型，是现实生活中常见的裤型之一，裤口打开的结束点应根据款式设计要求来设定。通常情况下，喇叭裤的臀围松量较小，腰围有高、中、低三种形式，裤身由髌骨线（膝盖）处向上 3cm 处向裤口逐渐增大，增大的尺寸与结构设计有关，裤长多离地面 2 ～ 3cm 或根据设计确定，前后裤型在视觉上多无腰省，但省量隐藏在腰围线至臀围线之间结构线里，前裤身有插袋，后裤身有贴袋，裤身多辑明线。

二、喇叭裤的结构制板

（一）所需尺寸（表 8-2-1）

表 8-2-1 喇叭裤制板所需尺寸   单位：cm

号型	部位名称	臀围(H)	腰围（W）	臀长（HL）	上裆长（D）	裤口宽	腰头宽	裤长（L）	中裆宽
160/66A	人体净尺寸	90	66	17	28.5	/	/	100	/
	成衣尺寸	92	68	15	23	25	3.5	100	20

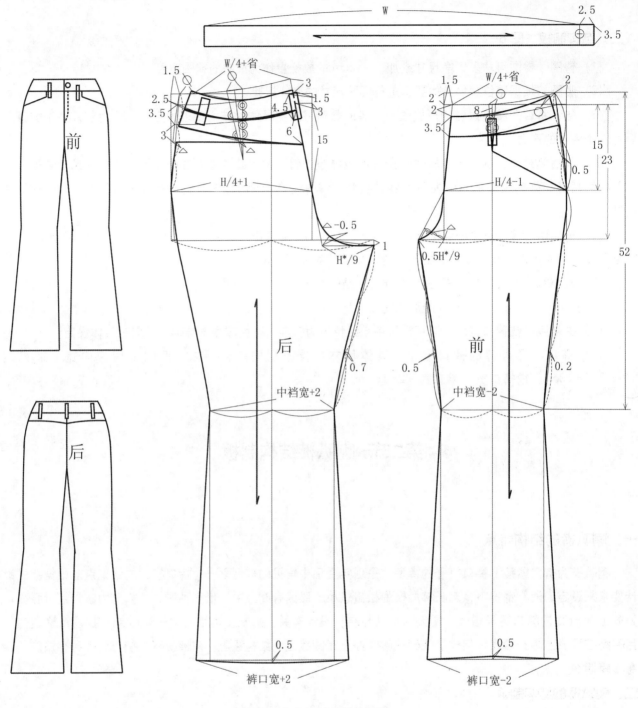

图 8-2-1 喇叭裤结构制板

（二）结构制板（图 8-2-1）

（1）臀围：由于喇叭裤的臀围松量较小，所以在加放尺寸上可在净尺寸的基础上加0.5～1cm，前后臀围差在3cm左右。

（2）腰围：W/4+省（臀围与腰围之间的尺寸差）。

（3）省：省量在制板过程中通过结构线、降低腰位等方法使省在外观上消失。后腰省通过降低腰位线和育克将大部分省量收掉，所剩少量省尖在侧缝线或后中心线收掉；前腰由于腰围线的降低，一部分省量剪掉，一部分省量被裤腰收掉，还有小部分省量通过侧缝或口袋进行收取。

（4）前后侧缝线：前片向前中心线方向进2cm，后片向后中心线方向进1.5cm，前后侧缝线在形态上尽量保持相似。

（5）前后中心线：①后中心线选择紧身裤的斜度，为15∶3，前中心线向前侧缝线方向进1.5cm；②后中心线起翘3cm，前中心线下降2cm。

（6）大小裆：由于裤型上半部分的合体造型，决定了大小裆的选择原则为紧身裤的大小裆的长度。大裆为H*/9，小裆为0.5H*/9。

（7）中裆线的位置：根据具体的款式设计进行设定，一般在髌骨线以上。

（8）裤口：裤口大小不同，所呈现的外观造型也不同，具体尺寸应以具体的款式要求设定。

第三节 锥形裤结构制板

一、锥形裤的结构特点

从裤型上看，锥形裤的廓型为倒梯形。由此可见，此裤型在一定程度上将臀围尺寸加大了，在裤口处反而减小，两者之间的尺寸差使整个裤型成倒梯形，臀围处所加的尺寸在腰部以活褶的形式收掉，以实现整个裤型的造型设计。通常情况下，锥形裤在长度上不宜过长，裤口多采用紧窄的形式，有时可通过衩口的形式满足裤口的最大窄度。臀围处所加的余量可根据要求进行纸样的剪切与打开，操作方法如图所示。

二、锥形裤的结构制板

（一）所需尺寸（表8-3-1）

表8-3-1 锥形裤制板所需尺寸 单位：cm

号型	部位名称	臀围（H）	腰围（W）	臀长（HL）	上裆长（D）	裤口宽	腰头宽	裤长（L）
160/66A	人体净尺寸	90	66	17	28.5	／	／	100
	成衣尺寸	100	68	17	28.5~30	16	3.5	100

（二）结构制板（图8-3-1）

（1）臀围：在裤原型上制板，臀围随着腰围尺寸的加放而变大，省量的大小和省数的多少是影响臀围大小的关键。

（2）腰围：在原型腰围的基础上适当加放所需尺寸来确定腰围的造型和大小。所加尺寸的大小应根据整体裤型的造型来决定。通常情况下，在净腰围的基础上增加9cm，去掉基样本身的省量，所剩尺寸就是需

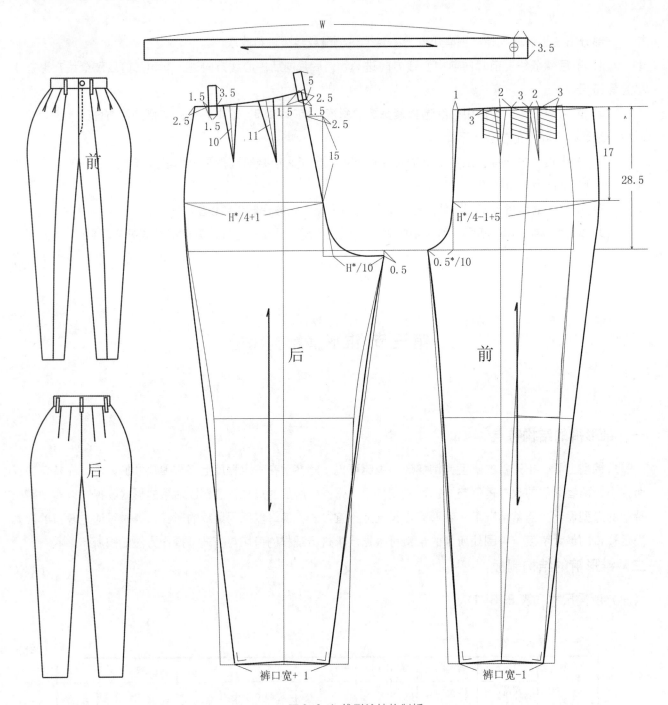

图 8-3-1 锥形裤结构制板

要将腰围打开，腰围剪开打开时的长度或至髌骨线或至裤口，因打开的长度不同，裤型产生变化。

（3）省：裤型成倒梯形的造型决定了腰围和臀围量的增加和裤口的收缩，省量的大小实际上决定了倒梯形的造型，将臀围与腰围差的 9cm 以活褶的形式收在腰围线上。省位以挺缝线为基准，每相隔 2cm（推荐数据）设定一个省位，直至将多余量全部收掉。后片省量应根据设计要求进行变动，一般情况下保持基样的省量造型不变。

（4）前后侧缝线：由于利用纸样剪切法增加腰部所需增加的尺寸量，因此侧缝线的造型基本与基样的造型相似，与髌骨线的侧缝线画顺即可，裤口的收缩在一定程度上使髌骨线以下的侧缝线趋于倾斜，注意臀围线与裤口线之间侧缝线的流畅性。

（5）前后中心线：由于锥形裤的上半部分属于较为宽松的裤型，因此在选择锥形裤后中心线的斜度时以 15：2.5 为最佳；前中心线向侧缝线方向进 1cm。

（6）大小裆：选择较宽松裤型的大小裆作为锥形裤的大小裆长，大裆为 H（净臀围）／10；小裆为 0.5H（净臀围）／10。

（7）裤口：裤口进行相应的收缩，所收尺寸应与设计相符合，当裤口尺寸较小时，可选用衩口的形式满足其功能性，同时又具有装饰效果。侧缝线与裤口的交角以直角的形式完成，因此应相应地延长侧缝线或缩短前后裤片挺缝线的长度，实现与裤口的直角形态，分别曲线连接前后裤口线。

第四节 筒裤结构制板

一、筒裤的结构特点

筒裤因造型在视觉上呈筒状而得名，是日常生活中常见的一种裤型，腰臀合体，裤身成筒状，常见于职业装中。

二、筒裤的结构制板

（一）所需尺寸（表 8-4-1）

表 8-4-1 筒裤制板所需尺寸　　　　　　　　　　　　　　　　　　　　　　　　　　　　　　　　　单位：cm

号型	部位名称	臀围(H)	腰围（W）	臀长（HL）	上裆长（D）	裤口宽	腰头宽	裤长（L）
160/66A	人体净尺寸	90	66	17	28.5	／	／	100
	成衣尺寸	92	68	17	25	21	3.5	100

（二）结构制板（图 8-4-1）

（1）臀围：此裤型属于较合体的裤型，所以臀围宽度采用合体裤的臀围结构设计制板。即在基样的基础上后片增加 0.5cm，为 H*/4+1cm+0.5cm；前片增加 0.5cm，为 H*/4-1cm+0.5cm。

（2）腰围：腰围则在基样的基础上后腰围 -0.5cm，为 W*/4-0.5cm-0.5cm；前腰围则相应的加 0.5cm，为 W*/4+0.5cm+0.5cm。

（3）腰位线的高低应根据具体的设计要求来确定。

（4）省：省量的多少应根据省量的大小和设计要求来确定，通常情况下，以前后各 2 个省量的形式或前后各四个省的形式出现。一个后省的省位多在腰围线长度的 1/2 处，2 个省则设在腰围线长度的 1/3 处；一个省位的前腰省在挺缝线处，2 个省的前省则在前腰围线长度的 1/3 处，有时前腰省也会选择以活褶的形式将多余量收掉。省量所倒的方向可向前中心线倒，也可向侧缝线倒。

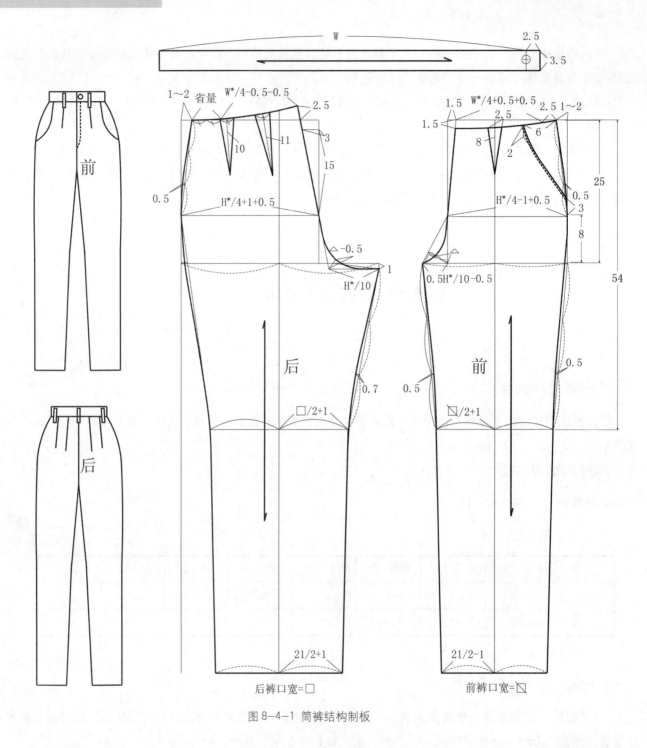

图 8-4-1 筒裤结构制板

省量的形式以收省和活褶两种形式存在，位置多以挺缝线为基准进行设定，当然也可根据设计要求，可靠近侧缝线或靠近前中心线。

（5）前后侧缝线：前后侧缝线的造型与基样的裤型制板相同。都向前后中心线的方向进 1～2cm，且侧缝线呈相似状态。

（6）前后中心线：后中心线选择合体裤的斜度，为 15 : 3，起翘 2.5～3cm；前中心线向侧缝线处进 1.5cm，同时下降 1.5cm。

（7）大小裆：大裆宽度以基样的大裆宽度为准，为 H*/10；小裆宽为 H*/10-0.5cm。

（8）裤口：通常情况下，裤口宽度的选择要小于髌骨线宽度 1～2cm，从理论上讲似乎裤腿小于髌骨线应该呈锥形裤的造型，其实不然，成型后的裤子在视觉效果上却有上下等宽的筒形裤造型。相反，若将裤口与髋骨线等宽的形式出现，外观上反而有微喇的形态。裤口选择直线造型，侧缝线与裤口交角不上升、不下降。

（9）裤长：裤长多选择基本裤长，也可根据结构设计的具体要求进行设定。

第五节 阔腿裤结构制板

一、阔腿裤的结构特点

阔腿裤是休闲裤的一种，其造型的变化主要与裤腿打开的量有关，从横裆开始至裤口，尺寸逐渐增大到设计的要求，体现女性优雅高贵的气质。从外形上看，阔腿裤有合体阔腿裤和宽松阔腿裤两种形式。

二、阔腿裤的结构制板

（一）合体阔腿裤

1. 结构特点

合体阔腿裤从结构上分析，其臀部合体，裤口以臀围线为基点逐渐向裤口打开，裤口大小适中成"A"字造型，是春秋休闲女裤的形式之一。

2. 所需尺寸（表8-5-1）

表8-5-1 合体阔腿裤制板所需尺寸　　　　　　　　　　　　单位：cm

号型	部位名称	臀围(H)	腰围（W）	臀长（HL）	上裆长（D）	裤口宽	腰头宽	裤长（L）
160/66A	人体净尺寸	90	66	17	28.5	/	/	100
	成衣尺寸	92	68	17	28.5～30	33	3.5	100

3. 结构制板（图8-5-1）

（1）以基样裤的制板形式完成裤腰、臀围。

（2）大裆=H/10+0.5cm，小裆=0.5H/10cm。

（3）省量：若希望没有省量出现，可根据裤省的各种变化形式进行具体省量的转移和变化，此例裤选择前后各4个省的形式。

（4）前后侧缝线：以臀围线为基点，与打开的前后裤口线直线连接。

（5）裤口：后裤口在基样的基础上向两边增加7.5cm（推荐数据），前裤口在基样的基础上向两边增加4.5cm（推荐数据）。

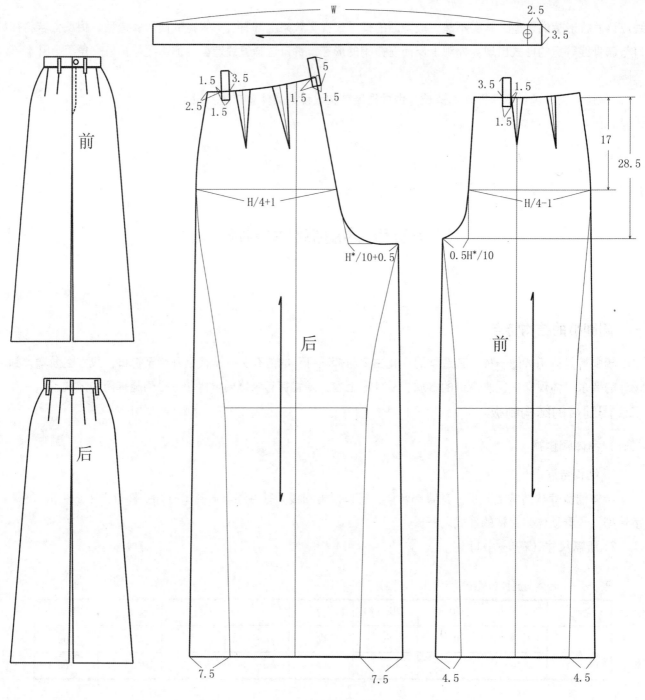

图 8-5-1 合体阔腿裤结构制板

（二）宽松阔腿裤

1. 结构特点

　　宽松阔腿裤与合体阔腿裤根本区别在于臀围的放松量和裤口的大小，腰围合体，臀围放松，腰位有高、中、低三种不同形式，其整体造型休闲舒适，是常见的休闲裤装之一。

　　2. 所需尺寸（表 8-5-2）

表 8-5-2 宽松阔腿裤制板所需尺寸   单位：cm

号型	部位名称	臀围(H)	腰围（W）	臀长（HL）	上裆长（D）	裤口宽	腰头宽	裤长（L）
160/66A	人体净尺寸	90	66	14	22	/	/	100
	成衣尺寸	104	68	14	22	37.5	3.5	100

3. 结构制板（图 8-5-2）

（1）臀围：臀围在原型的基础上增加了 12～18cm，即 H=90+12～18cm=104cm，以增加臀围的放松量；前后臀围选择宽度相等的形式，为 H/4。

（2）腰围：腰围则在净尺寸的基础上增加 2cm，即 W=66+2cm=68cm，腰围在正常的自然腰围线处。后腰围为 W/4-0.5cm+ 省，前腰围为 W/4+0.5cm+ 省。

（3）省：后片省的多少应根据款式要求具体设定，省量大小为臀腰差所决定，省尖长短以臀围线以上 5cm 处最为合适。

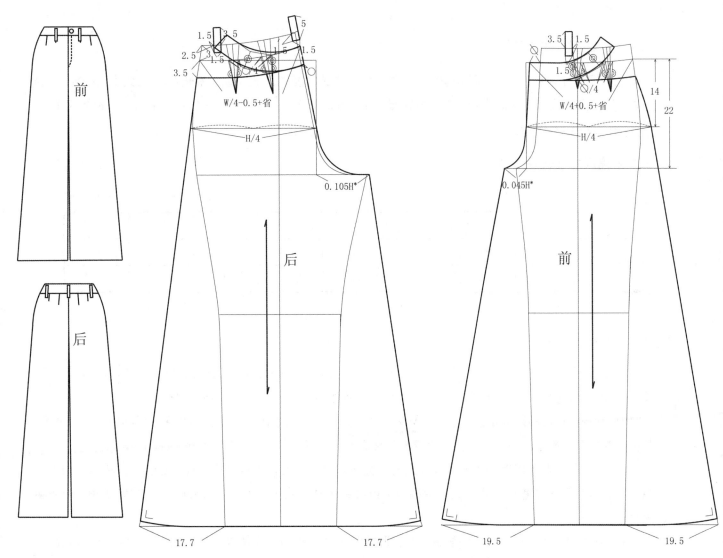

图 8-5-2 宽松阔腿裤结构制板

（4）前后侧缝线：前后侧缝线所进尺寸与原型的制板方式相同，前后片侧缝线的造型相似。

（5）前后中心线：后中心线的倾斜度为 15 ：3，上升 3cm；前中心线倾斜度为向侧缝线方向撇进 1cm，同时下降 1cm。

（6）腰围线：选择低腰的裤型，在原型的基础上前后腰围线下降 2.5cm，同时在下降的尺寸上取裤腰的宽度为 3cm。

（7）大小裆：大裆为 0.105H，适当增加了长度，小裆为 0.045H，与基样相比适当降低了长度。

（8）裤口：在基样的基础上后裤口向两边各加 17.7cm，前片也在基样的基础上向两边各增加 19.5cm。整个裤口宽大舒展。

第六节 灯笼裤结构制板

一、灯笼裤的结构特点

灯笼裤属于休闲裤之一，臀围松量较大，腰围以缩褶或活褶的形式完成，裤长在髌骨线以上或以下，裤口放松，通过褶裥或碎褶的形式将裤口余量收起，裤型宽松舒适呈灯笼造型，是生活中常见的一种休闲裤型。

二、灯笼裤的结构制板

（一）所需尺寸（表 8-6-1）

表 8-6-1 灯笼裤制板所需尺寸   单位：cm

号型	部位名称	臀围(H)	腰围（W）	臀长（HL）	上裆长（D）	裤口宽	腰头宽	裤长（L）
160/66A	人体净尺寸	90	66	17	28.5	╱	╱	100
	成衣尺寸	108	68	17	28.5	17	3.5	100

（二）结构制板（图 8-6-1）

（1）臀围：由于灯笼裤属于宽松式的造型，因此臀围宽度应适当加大尺寸，成衣臀围为 H+18cm（推荐数据）=108cm，后臀围为 H/4-1cm=108/4-1cm=26cm，前臀围为 H/4+1cm=108/4+1=28cm。

（2）腰围：后腰围以抽褶的形式消化臀围与腰围的差量，前腰围以活褶的形式完成臀围与腰围的差量，可根据差量的多少确定活褶的多少，一般情况下收 2 个活褶以上。

（3）省：将后腰省以缩褶的形式收掉，前省根据臀围与腰围差的量平均分成三等份，并将每一份以活褶的形式完成，第一个靠近前中心线的活褶以前挺缝线为基准收省量大小，每相隔 2cm 收取所剩 2 个省量的大小。

（4）前后侧缝线：后侧缝线向里进 1cm，胖式与臀围线画顺；前侧缝线向里进 1～2cm，胖式画顺，与后侧缝线造型相似。

（5）前后中心线：由于此类裤型属于宽松式造型，因此后中心线的倾斜度较小，多为 15 ∶ 2.5，与臀围宽相连接；前中心线同时向里、向下 1cm，并与臀围线直线连接。

（6）大小裆：小裆在臀围宽与立裆深的交点向外作 0.045H，曲线画顺至臀围线，方法与基样制板相同。大裆在小裆深的基础上向下 1cm，长度为 0.105H，曲线连接后片的臀围线。

（7）裤长：灯笼裤的裤长应根据不同的设计要求来确定，或长或短，形式不一。但日常生活中常见的灯笼裤以短款为主，多在髌骨线以上。

（8）裤口：灯笼裤的造型主要是通过臀围的加大和裤口的加肥，然后再以缩褶或活褶的形式将加肥加大的尺寸量收缩在裤口处来完成其造型的灯笼状。腰围所要收的褶量以正常腰围肥度为基准，而裤口所收的尺寸则以裤口位置的人体尺寸决定，一般情况下，在净尺寸的基础上加一定的放松量，放松量的大小以不妨碍人体的基本活动量为底线。但有时所选择的裤口大小会在一定程度上妨碍正常穿脱，为了既满足裤口的结构设计要求，又满足服装的功能性，可以在裤口的任意一个方位选择开衩的形式，衩口长度根据款式的具体要求和其功能性确定。

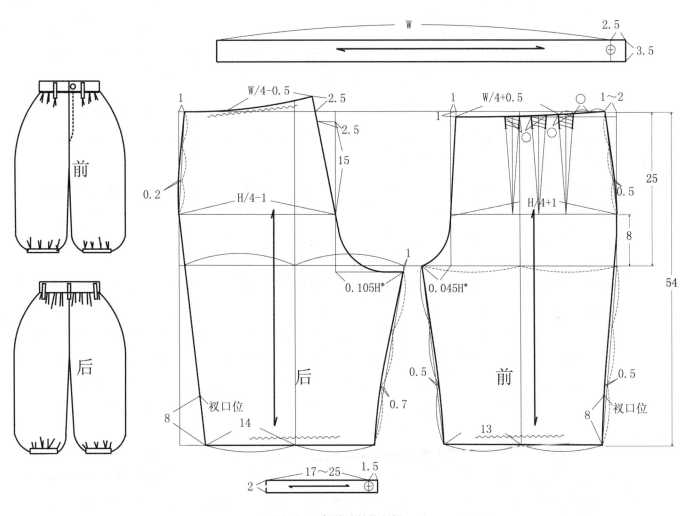

图 8-6-1 灯笼裤结构制板

203

第七节 裙裤结构制板

一、裙裤的结构特点

裙裤是裙装与裤装的结合体，它既有裙子宽松飘逸的结构特征，又有将两腿处结构分开的裤装造型，它与阔腿裤在外观造型上非常相似，但阔腿裤臀围至腰围的结构更加符合人体造型，而裙裤更加舒适与随意，有裙装的某些功能与特点。裙裤裤口的大小决定了裙裤的外观造型，增加裤口的大小可采用省量转移的形式，也可通过直接在侧缝线处进行尺寸加放等形式完成，裤口增加的同时，裙裤的臀围宽度也会相应增加，使裙装的飘逸感增强。此类型裤装备受夏季女性的青睐。

二、裙裤的结构制板

（一）所需尺寸（表8-7-1）

表8-7-1 裙裤制板所需尺寸　　　　　　　　　　　　　　　　　　　　　　单位：cm

号型	部位名称	臀围(H)	腰围（W）	臀长（HL）	上裆长（D）	腰头宽	裤长（L）
160/66A	人体净尺寸	90	66	18	27	／	50
	成衣尺寸	94	68	18	27	3	50

（二）结构制板（图8-7-1～图8-7-3）

（1）臀围：在净样基础上加放一定尺寸，尺寸的多少根据裙裤的肥瘦程度确定。以裙原型的制板方式确定臀围的尺寸量，为H/2+2cm（推荐数据）。

（2）腰围：后腰围为W（净尺寸）/4-0.5cm-0.5cm+省量（后臀围与后腰围的尺寸差）；前腰围为W（净尺寸）/4+0.5cm +0.5cm+省量（前臀围与前腰围的尺寸差），使腰围合体。

（3）省：省量的多少与设计有关，可遵循裙装或裤装的省量设计原理来设定。通常情况下臀围与腰围差的大小决定省量的大小与多少。

（4）前后中心线：由于具有裙子的宽松随意特征，后中心线的倾斜度相对较小。刘瑞璞老师书中的裙裤后中心线取消了倾斜度；还有很多种形式的裙裤制板方法，倾斜度也较小，多在0.5～2cm之间。由此可以看出，裙裤的后中心线造型是宽松的，并没有裤子对人体的塑型性。此款裙裤后中心线的制板选择向里进1cm，后中心线下降0.5cm或不下降，直线与后片臀围线相衔接；前片中心线向里进1cm，直线与前片臀围线画顺。

（5）大小裆：大小裆的宽度受人体臀围的大小限制，臀围大，大小裆大，反之则小。

（6）前后侧缝线：后侧缝线向里进1.5cm，同时上升1.5cm的后起翘，胖式画顺至后片臀围线处；前侧缝线向里进1.5cm，同时起翘1.5cm胖式画顺至前臀围线。前后侧缝线造型基本相似。

（7）前后内侧缝线：由于人体走路时需两腿交互前行，必然会在一定程度上导致内侧缝线的相互摩擦，同时过大的内侧缝线也会造成不必要的堆积，产生不美观的视觉效果。因此需对裙裤的前后内侧缝线的扩大量进行一定限制，不宜过大，在2cm以内即可。

（8）裤长：应根据结构设计要求确定，可长可短。

　　(9) 裤口: 裤口的大小和造型也应根据结构设计要求确定, 若将腰围处的省量转移到裤口, 则裤口受省量大小和长短的影响很大, 不转移省量可有效控制裤口大小的尺寸。

图 8-7-1 裙裤 1 结构制板

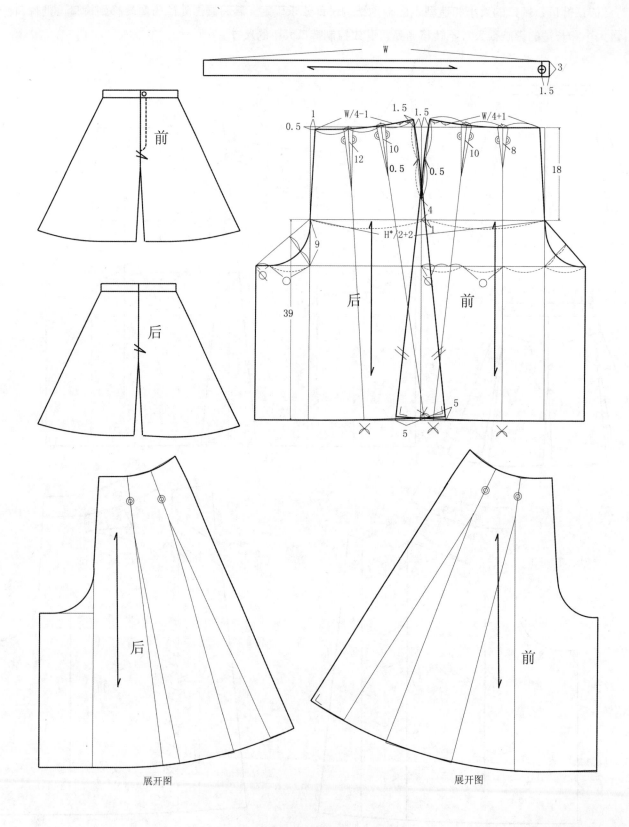

图 8-7-2 裙裤 2 结构制板

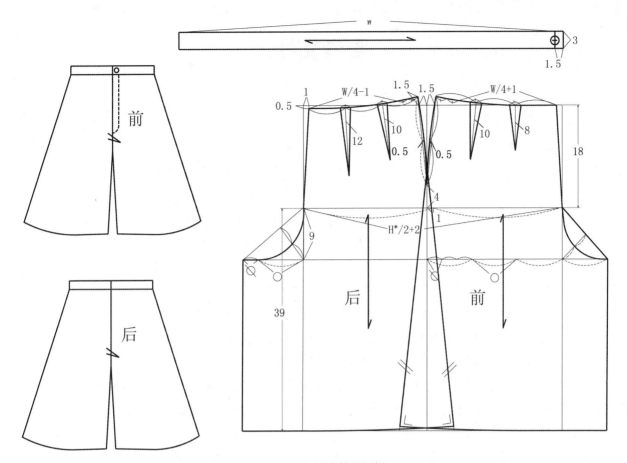

图 8-7-3 裙裤 3 结构制板

【课后练习】

（1）紧身裤的结构制板练习；以紧身裤为基样的创新性结构制板练习。

（2）喇叭裤的结构制板练习；以喇叭裤为基样的创新性结构制板练习。

（3）锥形裤的结构制板练习；以锥形裤为基样的创新性结构制板练习。

（4）筒裤的结构制板练习；以筒裤为基样的创新性结构制板练习。

（5）阔腿裤的结构制板练习；以阔腿裤为基样的创新性结构制板练习。

（6）灯笼裤的结构制板练习；以灯笼裤为基样的创新性结构制板练习。

（7）裙裤的结构制板练习；以裙裤为基样的创新性结构制板练习。

【课后思考】

（1）紧身裤大小裆的长度设定、后中心线斜度设定以及裤口的尺寸大小设定原则的思考。

（2）喇叭裤裤口打开的位置设定、裤口大小设定原则的思考。

（3）锥形裤腰围打开量的大小、位置、长短的设定，裤口大小尺寸设定的思考。

（4）筒裤中裆（髌骨线）、裤口尺寸大小的比率设定规则的思考。

（5）阔腿裤阔腿位置、大小的设定原则以及对阔腿大小对裤型影响的思考。

（6）灯笼裤腰围增加量多少的设定、裤口打开量的设定；腰围与裤口增加量的大小、形式对裤型影响的思考。

（7）裙裤大小裆、前后中心线的设定；内侧缝线打开量设定的思考。

（8）针对不同廓型的点、线、面、体合理运用的思考。

参考文献

[1] 张文斌. 服装结构设计 [M]. 北京：中国纺织出版社，2007

[2] 张文斌. 服装工艺学（结构设计分册）（第三版）[M]. 北京：中国纺织出版社，2008

[3] 陈明艳. 女装结构设计与纸样 [M]. 上海：东华大学出版社，2012

[4] 杨新华，李丰. 工业化成衣结构原理与制板（女装篇）[M]. 上海：中国纺织出版社，2007

[5] 吴清萍. 经典女装工业制板 [M]. 北京：中国纺织出版社，2006

[6] 刘瑞璞，刘维和. 女装纸样设计原理与技巧 [M]. 北京：中国纺织出版社，2003

[7] 张文斌. 服装结构设计 [M]. 北京：高等教育出版社，2010

[8] 侯东昱. 女装成衣结构设计 -- 下装篇 [M]. 上海：东华大学出版社，2012

[9] 鲍卫兵. 图解女装 -- 新版型处理技术 [M]. 上海：东华大学出版社，2012

[10] 申鸿，王雪筠. 图解女装纸样设计 [M]. 北京：化学工业出版社，2010

[11][日] 文化服装学院. 服饰造型讲座①～⑤ [M]. 张祖芳等，译. 上海：东华大学出版社，2005

[12][日] 中泽愈. 人体与服装 [M]. 袁观洛译. 北京：中国纺织出版社，2003

[13] 甘应进，陈东生. 新编服装结构设计 [M]. 北京：中国轻工业出版社，2002

[14] 邹奉元. 服装工业样板制作原理与技巧 [M]. 浙江：浙江大学出版社，2009

[15] 刘晓刚，崔玉梅. 基础服装设计 [M]. 上海：东华大学出版社，2003

[16] 徐青青. 服装设计构成 [M]. 北京：中国轻工业出版社，2001